CBAC
Bioleg
ar gyfer U2
Llyfr Gwaith Adolygu

Neil Roberts

CBAC Bioleg ar gyfer U2: Llyfr Gwaith Adolygu

Addasiad Cymraeg o *WJEC Biology for A2 Level: Revision Workbook* (a gyhoeddwyd yn 2022 gan Illuminate Publishing Limited). Cyhoeddwyd y llyfr Cymraeg hwn gan Illuminate Publishing Limited, argraffnod Hodder Education, an Hachette UK Company, Carmelite House, 50 Victoria Embankment, London EC4Y 0DZ.

Archebion: Ewch i www.illuminatepublishing.com neu anfonwch e-bost at sales@illuminatepublishing.com

Ariennir yn Rhannol gan
Lywodraeth Cymru
Part Funded by
Welsh Government

Cyhoeddwyd dan nawdd Cynllun Adnoddau Addysgu a Dysgu CBAC

© Neil Roberts (Yr argraffiad Saesneg)

Mae'r awdur wedi datgan ei hawliau moesol i gael ei gydnabod yn awdur y gyfrol hon.

© CBAC 2022 (Yr argraffiad Cymraeg hwn)

Data Catalogio Cyhoeddiadau y Llyfrgell Brydeinig

Mae cofnod catalog ar gyfer y llyfr hwn ar gael gan y Llyfrgell Brydeinig.

ISBN 978-1-912820-93-1

Argraffwyd gan: Cambrian Printers Ltd, Coed Duon

12.22

Polisi'r cyhoeddwyr yw defnyddio papurau sy'n gynhyrchion naturiol, adnewyddadwy ac ailgylchadwy o goed a dyfwyd mewn coedwigoedd cynaliadwy. Disgwylir i'r prosesau torri coed a gweithgynhyrchu gydymffurfio â rheoliadau amgylcheddol y wlad y mae'r cynnyrch yn tarddu ohoni.

Gwnaed pob ymdrech i gysylltu â deiliaid hawlfraint y deunydd a atgynhyrchwyd yn y llyfr hwn. Mae'r awduron a'r cyhoeddwyr wedi cymryd llawer o ofal i sicrhau un ai bod caniatâd ffurfiol wedi ei roi ar gyfer defnyddio'r deunydd hawlfraint a atgynhyrchwyd, neu bod deunydd hawlfraint wedi'i ddefnyddio o dan ddarpariaeth canllawiau masnachu teg yn y DU – yn benodol, ei fod wedi'i ddefnyddio'n gynnil, at ddiben beirniadaeth ac adolygu yn unig, a'i fod wedi'i gydnabod yn gywir. Os cânt eu hysbysu, bydd y cyhoeddwyr yn falch o gywiro unrhyw wallau neu hepgoriadau ar y cyfle cyntaf.

Gosodiad y llyfr Cymraeg: John Dickinson

Dyluniad a gosodiad gwreiddiol: Nigel Harriss a John Dickinson

Dyluniad y clawr: © vitstudio/stock.adobe.com

Cydnabyddiaeth

I Isla a Lucie.

Diolch, Louise, am dy amynedd a dy gefnogaeth a wnaeth y llyfr hwn yn bosibl.

Hoffai'r awdur hefyd ddiolch i dîm golygyddol Illuminate Publishing am eu cefnogaeth a'u harweiniad.

Cydnabyddiaeth lluniau

t20 KR PORTER / SCIENCE PHOTO LIBRARY; t56 [y ddau graff] (ch) Addaswyd o http://www.projectarkfoundation.com/animal/bornean_orangutan; t56 [y pedwar map] (d) © Hugo Ahlenius, https://www.grida.no/resources/8324; t66 Shutterstock / Anna Jurkovska; t67 © Karen Hart; t78 National Center for Biotechnology Information / Ar gael i'r cyhoedd; t79 National Center for Biotechnology Information / Ar gael i'r cyhoedd; t120 (b) Aldona Griskeviciene / Shutterstock; t120 (gch) Shutterstock / skys.co.jp; t120 (gd) Shutterstock / kio88; t121 © DragoNika / stock.adobe.com; t138 © Trwy garedigrwydd Innovative Care, 2021; t155 DR JEREMY BURGESS / SCIENCE PHOTO LIBRARY; t172 (gch) Shutterstock / Pete Niesen; t172 (gd) Shutterstock / Pavaphon Supanantananont; t179 Shutterstock / BioMedical; t182 Hawlfraint © 2015 Osteoarthritis Research Society International. Cyhoeddwyd gan Elsevier Ltd. Cedwir pob hawl

Darluniau eraill © Illuminate Publishing

MIX
Paper | Supporting
responsible forestry
FSC™ C104740

Cynnwys

Sut i ddefnyddio'r llyfr hwn

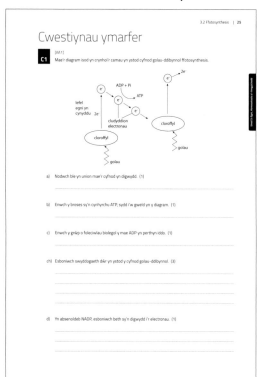

Mae pob adran testun yn y llyfr yn dechrau gyda thua phedwar i wyth cwestiwn ymarfer arddull arholiad sy'n canolbwyntio ar bob testun. Mae'r amcan asesu sy'n cael ei brofi yn cael ei nodi. Bydd y cwestiynau arholiad go iawn yn aml yn cynnwys deunydd sy'n dod o sawl testun gwahanol, ac o UG, felly mae'n bwysig, unwaith y byddwch chi'n teimlo'n hyderus â'r cwestiynau ymarfer, eich bod chi'n symud ymlaen i gwblhau papurau enghreifftiol (darperir un ar gyfer pob adran sydd yn y llyfr hwn) ac mae llawer o gyn-bapurau ar gael ar wefan CBAC.

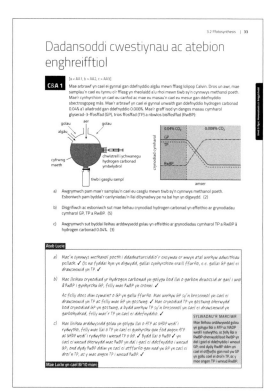

Yna, yn dilyn hyn, bydd rhai enghreifftiau o atebion go iawn gan ddisgyblion i gwestiynau. Ym mhob achos, mae dau ateb wedi'u rhoi; un gan ddisgybl (Lucie) a gafodd farc uchel ac un gan ddisgybl a gafodd farc is (Ceri). Rydyn ni'n awgrymu eich bod chi'n cymharu atebion y ddau ymgeisydd yn ofalus: gwnewch yn siŵr eich bod chi'n deall pam mae'r naill ateb yn well na'r llall. Fel hyn, byddwch chi'n gwella eich dull o ateb cwestiynau.

Mae sgriptiau arholiadau yn cael eu marcio ar berfformiad yr ymgeisydd ar draws y papur cyfan ac nid ar gwestiynau unigol; mae arholwyr yn gweld llawer o enghreifftiau o atebion da mewn sgriptiau, sy'n cael sgorau isel fel arall. Y neges yw, bod techneg dda yn yr arholiad yn gallu gwella graddau ymgeiswyr ar bob lefel.

Mae'r canllaw paratoi at arholiad hwn wedi'i gynllunio i gyd-fynd â'r Canllaw Astudio ac Adolygu, sydd hefyd ar gael gan yr un awdur ac wedi'i gyhoeddi gan Illuminate Publishing.

Amcanion asesu

Caiff cwestiynau arholiad eu hysgrifennu i adlewyrchu'r amcanion asesu (AA) sydd wedi'u pennu yn y fanyleb.

Dyma'r tri phrif sgil y mae'n rhaid i chi eu datblygu:

AA1: Dangos gwybodaeth a dealltwriaeth o syniadau, prosesau, technegau a gweithdrefnau gwyddonol.

AA2: Cymhwyso gwybodaeth a dealltwriaeth o syniadau, prosesau, technegau a gweithdrefnau gwyddonol.

AA3: Dadansoddi, dehongli a gwerthuso gwybodaeth, syniadau a thystiolaeth wyddonol, gan gynnwys rhai yn ymwneud â materion.

Bydd y ddau arholiad ysgrifenedig hefyd yn asesu y canlynol:
- Sgiliau mathemategol (o leiaf 10%)
- Sgiliau ymarferol (o leiaf 15%)
- Eich gallu i ddethol, trefnu a chyfathrebu gwybodaeth a syniadau yn ddeallus gan ddefnyddio confensiynau a geirfa wyddonol addas.

Mae'r amcanion asesu (AA) wedi'u nodi yn ymyl pob cwestiwn ynghyd â'r sgiliau mathemategol (M) â'r sgiliau ymarferol (Y) pan fyddan nhw'n codi.

Mae'n debygol y bydd unrhyw un cwestiwn yn asesu'r sgiliau hyn i gyd i ryw raddau. Mae'n bwysig cofio mai dim ond tua thraean y marciau sy'n cael eu rhoi am gofio ffeithiau'n uniongyrchol. Bydd angen i chi ddefnyddio'r hyn rydych chi'n ei wybod hefyd. Os yw hyn yn rhywbeth sy'n anodd i chi, dylech chi ymarfer cymaint o gwestiynau o gyn-bapurau â phosibl. Mae llawer o enghreifftiau o gwestiynau tebyg yn ymddangos ar ffurfiau sydd ychydig yn wahanol, o un flwyddyn i'r llall.

Byddwch chi'n datblygu eich sgiliau ymarferol yn ystod sesiynau dosbarth, a bydd eich sgiliau ymarferol yn cael eu hasesu yn y papurau arholiad. Gallai hyn gynnwys:
- Plotio graffiau
- Adnabod newidynnau rheolydd ac awgrymu arbrofion rheolydd priodol
- Dadansoddi data a llunio casgliadau
- Gwerthuso dulliau a gweithdrefnau ac awgrymu gwelliannau.

Deall AA1: Dangos gwybodaeth a dealltwriaeth

Bydd angen i chi ddangos gwybodaeth a dealltwriaeth o syniadau, prosesau, technegau a gweithdrefnau gwyddonol. Mae tua 27% o'r marciau sydd ar gael yn y papurau arholiad U2 yn cael eu rhoi am gofio gwybodaeth a dealltwriaeth.

Rhai o'r geiriau gorchymyn cyffredin yn y cwestiynau hyn yw: nodwch, enwch, disgrifiwch, esboniwch.

Mae hyn yn cynnwys cofio syniadau, prosesau, technegau a gweithdrefnau sydd wedi'u nodi yn y fanyleb. Dylech chi wybod y cynnwys hwn.

Bydd ateb da yn defnyddio terminoleg fiolegol fanwl yn gywir, yn glir ac yn gydlynol.

Pe bai gofyn i chi ddisgrifio ac esbonio sut mae electafforesis yn cynhyrchu'r canlyniadau sydd i'w gweld mewn gel, gallech chi ysgrifennu:

'Mae DNA yn symud tuag at yr electrod positif drwy'r gel. Mae darnau llai'n symud yn bellach.'

Mae hwn yn ateb sylfaenol.

Mae angen i ateb da fod yn fwy manwl. Er enghraifft,

'Mae DNA yn cael ei atynnu at yr electrod positif oherwydd y wefr negatif ar ei grwpiau ffosffad. Mae'n haws i ddarnau llai symud drwy'r mandyllau yn y gel ac felly maen nhw'n teithio'n bellach na darnau mwy yn yr un amser. Gallwn ni amcangyfrif maint y darn ag ysgol DNA, sy'n cynnwys darnau o faint hysbys ochr yn ochr â'r sampl.'

Deall AA2: Cymhwyso gwybodaeth a dealltwriaeth

Bydd angen i chi gymhwyso gwybodaeth a dealltwriaeth o syniadau, prosesau, technegau a gweithdrefnau gwyddonol:

- Mewn cyd-destun damcaniaethol
- Mewn cyd-destun ymarferol
- Wrth drin data ansoddol (data heb werth rhifiadol yw hyn, e.e. newid lliw)
- Wrth drin data meintiol (data â gwerth rhifiadol yw hyn, e.e. màs/g).

Mae 45% o'r marciau sydd ar gael yn y papurau arholiad U2 yn cael eu rhoi am gymhwyso gwybodaeth a dealltwriaeth.

Rhai o'r geiriau gorchymyn cyffredin yn y cwestiynau hyn yw: disgrifiwch (ar gyfer data neu ddiagramau anghyfarwydd), esboniwch ac awgrymwch.

Mae AA2 yn profi cymhwyso syniadau, prosesau, technegau a gweithdrefnau sydd wedi'u nodi yn y fanyleb mewn sefyllfaoedd anghyfarwydd gan gynnwys drwy ddefnyddio cyfrifiadau mathemategol a dehongli canlyniadau profion ystadegol.

Pe bai gofyn i chi ddisgrifio effeithiau chwynladdwr ar ffotoffosfforyleiddiad anghylchol, gan esbonio pam dydy'r chwynladdwr ddim yn effeithio ar ffotoffosfforyleiddiad cylchol o gael gwybod bod y chwynladdwr yn rhwystro llif electronau o Ffotosystem II i'r cludydd electronau, gallech chi ysgrifennu:

'Mae'n atal electronau rhag symud allan o Ffotosystem II i mewn i'r cludydd electronau felly dydy electronau ddim yn gallu symud i Ffotosystem I.'

Mae hwn yn ateb anghyflawn; dydy'r ateb ddim yn esbonio pam nad yw'r chwynladdwr yn effeithio ar ffotoffosfforyleiddiad cylchol.

Byddai ateb da'n dweud:

'Mae'r chwynladdwr yn atal electronau o Ffotosystem II rhag cael eu symud i Ffotosystem I, sy'n atal y broses o rydwytho NADP i ffurfio NADP wedi'i rydwytho. Dydy ffotolysis dŵr ddim yn gallu digwydd. Dydy'r chwynladdwr ddim yn atal ffotoffosfforyleiddiad cylchol oherwydd mae'r electronau'n dal i allu symud o Ffotosystem I a dychwelyd yn ôl i Ffotosystem I.'

Disgrifio data

Mae'n bwysig disgrifio'n gywir beth rydych chi'n ei weld, a dyfynnu data yn eich ateb.

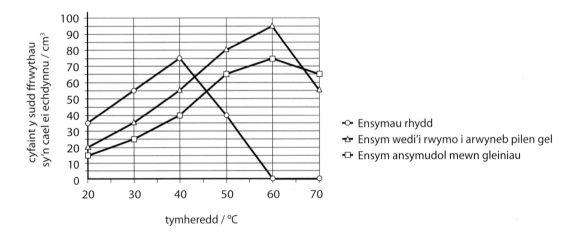

Pe bai gofyn i chi gymharu cyfaint y sudd sy'n cael ei gynhyrchu wrth ddefnyddio ensymau wedi'u rhwymo i arwyneb pilen gel, o'i gymharu â defnyddio'r ensymau sy'n ansymudol yn y gleiniau, gallech chi ysgrifennu:

'Mae cyfaint y sudd sy'n cael ei echdynnu yn cynyddu gyda thymheredd, hyd at y tymheredd optimwm, sef 60 °C, yn achos y ddau ensym. O fynd yn uwch na hyn, mae cyfaint y sudd yn lleihau.'

Mae hwn yn ateb sylfaenol.

Mae angen i ateb da fod yn gywir ac yn fanwl. Er enghraifft:

'Mae codi'r tymheredd yn cynyddu cyfaint y sudd ffrwythau sy'n cael ei echdynnu, hyd at 60 °C. Mae cyfaint y sudd sy'n cael ei gasglu yn uwch, hyd at 60 °C, wrth ddefnyddio'r ensym wedi'i rwymo i arwyneb pilen gel, ac yn cyrraedd uchafswm o 95 cm³ o'i gymharu â 75 cm³ wrth ddefnyddio'r ensym sy'n ansymudol yn y gleiniau. Os yw'n uwch na 60 °C, mae cyfaint y sudd ffrwythau sy'n cael ei echdynnu yn lleihau, ond mae hyn yn fwy amlwg ar gyfer yr ensymau

sydd wedi'u rhwymo i arwyneb y bilen gel, sy'n lleihau o 40 cm³, o'i gymharu â dim ond 10 cm³ ar gyfer yr ensymau sy'n ansymudol yn y gleiniau.'

Pe bai gofyn i chi esbonio'r canlyniadau hefyd, byddai ateb sylfaenol yn cyfeirio at *'mwy o egni cinetig hyd at 60 °C, ac ensymau'n dadnatureiddio yn uwch na 60 °C'*. Bydd ateb da yn defnyddio terminoleg fiolegol fanwl yn gywir, yn glir ac yn gydlynol. Byddai ateb da hefyd yn cyfeirio at *'ffurfio mwy o gymhlygion ensym–swbstrad hyd at 60 °C'* ac yn cynnwys *'yn uwch na 60 °C, mae bondiau hydrogen yn torri, sy'n newid siâp y safle actif fel bod llai o gymhlygion ensym–swbstrad yn gallu ffurfio'*.

Gofynion mathemategol

Bydd o leiaf 10% o'r marciau ar draws y cymhwyster cyfan yn ymwneud â chynnwys mathemategol. Mae rhywfaint o'r cynnwys mathemategol yn gofyn am ddefnyddio cyfrifiannell; cewch chi ddefnyddio un yn yr arholiad. Mae'r fanyleb yn nodi y gallai fod gofyn i chi gyfrifo cymedr, canolrif, modd ac amrediad, yn ogystal â chanrannau, ffracsiynau a chymarebau. Mae Safon Uwch yn cynnwys gofynion ychwanegol, sydd i'w gweld mewn teip trwm yn y tabl isod.

Bydd gofyn i chi brosesu a dadansoddi data gan ddefnyddio sgiliau mathemategol priodol. Gallai hyn gynnwys ystyried lled y cyfeiliornad (*margin of error*), manwl gywirdeb a thrachywiredd data.

Cysyniadau	Ticiwch yma pan fyddwch chi'n hyderus eich bod chi'n deall y cysyniad hwn
Rhifyddeg a chyfrifiant rhifiadol	
Trawsnewid rhwng unedau, e.e. mm³ i cm³	
Defnyddio nifer priodol o leoedd degol mewn cyfrifiadau, e.e. wrth gyfrifo cymedr	
Defnyddio cymarebau, ffracsiynau a chanrannau, e.e. cyfrifo cynnyrch canrannol, cymhareb arwynebedd arwyneb i gyfaint	
Amcangyfrif canlyniadau	
Defnyddio cyfrifiannell i ganfod a defnyddio ffwythiannau pŵer, esbonyddol a logarithmig, e.e. amcangyfrif nifer y bacteria sy'n tyfu mewn cyfnod penodol	
Trin data	
Defnyddio nifer priodol o ffigurau ystyrlon	
Canfod cymedrau rhifyddol	
Llunio a dehongli tablau a diagramau amlder, siartiau bar a histogramau	
Deall egwyddorion samplu fel maen nhw'n berthnasol i ddata gwyddonol, e.e. defnyddio Indecs Amrywiaeth Simpson i gyfrifo bioamrywiaeth cynefin	
Deall y termau cymedr, canolrif a modd, e.e. cyfrifo neu gymharu cymedr, canolrif a modd set o ddata, e.e. taldra/ màs/maint grŵp o organebau	
Defnyddio diagram gwasgariad i ganfod cydberthyniad rhwng dau newidyn, e.e. effaith ffactorau ffordd o fyw ar iechyd	
Gwneud cyfrifiadau trefn maint, e.e. defnyddio a thrin y fformiwla chwyddhad: chwyddhad = maint y ddelwedd / maint y gwrthrych gwirioneddol	
Deall mesurau gwasgariad, gan gynnwys gwyriad safonol ac amrediad	
Canfod ansicrwydd mewn mesuriadau a defnyddio technegau syml i fesur ansicrwydd wrth gyfuno data, e.e. cyfrifo cyfeiliornad canrannol os oes ansicrwydd mewn mesuriad	
Algebra	
Deall a defnyddio'r symbolau: =, <, <<, >>, >, ∝,~.	
Aildrefnu hafaliad	
Amnewid gwerthoedd rhifiadol mewn hafaliadau algebraidd	
Datrys hafaliadau algebraidd, e.e. datrys hafaliadau mewn cyd-destun biolegol, e.e. allbwn cardiaidd = cyfaint trawiad × cyfradd curiad y galon	
Defnyddio graddfa logarithmig yng nghyd-destun microbioleg, e.e. cyfradd twf micro-organeb fel burum	
Graffiau	
Plotio dau newidyn o ddata arbrofol neu ddata eraill, e.e. dewis fformat priodol i gyflwyno data	
Deall bod $y = mx + c$ yn cynrychioli perthynas linol	
Canfod rhyngdoriad graff, e.e. darllen pwynt rhyngdoriad oddi ar graff, e.e. pwynt digolled mewn planhigion	
Cyfrifo cyfradd newid oddi ar graff sy'n dangos perthynas linol, e.e. cyfrifo cyfradd oddi ar graff, e.e. cyfradd trydarthu	
Lluniadu a defnyddio graddiant tangiad i gromlin fel ffordd o fesur cyfradd newid	
Geometreg a thrigonometreg	
Cyfrifo cylchedd, arwynebedd arwyneb a chyfaint siapiau rheolaidd, e.e. cyfrifo arwynebedd arwyneb neu gyfaint cell	

Deall AA3:
Dadansoddi, dehongli a gwerthuso gwybodaeth wyddonol

Hwn yw'r sgìl olaf a'r anoddaf. Bydd angen i chi ddadansoddi, dehongli a gwerthuso gwybodaeth, syniadau a thystiolaeth wyddonol er mwyn:

● Llunio barn a dod i gasgliadau
● Datblygu a mireinio dylunio a gweithdrefnau ymarferol.

Mae tua 28% o'r marciau sydd ar gael yn y papurau arholiad U2 yn cael eu rhoi am ddadansoddi, dehongli a gwerthuso gwybodaeth wyddonol.

Rhai o'r geiriau gorchymyn cyffredin yn y cwestiynau hyn yw: gwerthuswch, awgrymwch, cyfiawnhewch a dadansoddwch.

Gallai hyn olygu:

● Gwneud sylwadau am gynllun arbrawf a gwerthuso dulliau gwyddonol
● Gwerthuso canlyniadau a ffurfio casgliadau gan gyfeirio at fesuriad, ansicrwydd a chyfeiliornad.

Beth yw manwl gywirdeb?

Mae manwl gywirdeb yn ymwneud â'r cyfarpar sy'n cael ei ddefnyddio: Pa mor drachywir yw'r cyfarpar? Beth yw'r cyfeiliornad canrannol? Er enghraifft, mae silindr mesur 5 ml yn fanwl gywir i ±0.1 ml, felly gallai mesur 5 ml roi 4.9–5.1 ml. Byddai mesur yr un cyfaint mewn silindr mesur 25 ml sy'n fanwl gywir i ±1 ml, yn rhoi 4–6 ml.

Cyfrifo cyfeiliornad %

Mae'n hafaliad syml: manwl gywirdeb/swm cychwynnol × 100. Er enghraifft, yn y silindr mesur 25 ml mae'r manwl gywirdeb yn ± 1ml, felly mae'r cyfeiliornad yn 1/25 × 100 = 4%, ac yn y silindr 5 ml mae'r manwl gywirdeb yn ±0.1 ml, felly mae'r cyfeiliornad yn 0.1/5 × 100 = 2%. Felly, i fesur 5ml mae'n well defnyddio'r silindr bach oherwydd hwnnw sy'n rhoi'r cyfeiliornad % lleiaf.

Beth yw dibynadwyedd?

Mae dibynadwyedd yn ymwneud ag ailadrodd yr arbrawf. Mewn geiriau eraill, os ydych chi'n ailadrodd yr arbrawf dair gwaith ac yn cael gwerthoedd tebyg iawn, mae hyn yn dynodi bod eich darlleniadau unigol yn ddibynadwy. Gallwch chi gynyddu dibynadwyedd drwy sicrhau eich bod chi'n rheoli pob newidyn a allai ddylanwadu ar yr arbrawf, a sicrhau bod y dull yn gyson.

Disgrifio gwelliannau

Pe bai gofyn i chi ddisgrifio sut byddech chi'n gallu gwella dibynadwyedd canlyniadau arbrawf echdynnu sudd afal, byddai angen i chi edrych yn ofalus ar y dull a'r cyfarpar dan sylw.

C: Mae pectin yn bolysacarid adeileddol sy'n bodoli yng nghellfuriau celloedd planhigyn ac yn y lamela canol rhwng celloedd, lle mae'n helpu i rwymo celloedd wrth ei gilydd. Mae pectinasau'n ensymau sy'n cael eu defnyddio'n rheolaidd mewn diwydiant i gynyddu cyfaint a chlirder (*clarity*) y sudd ffrwythau sy'n cael ei echdynnu o afalau. Mae'r ensym yn cael ei wneud yn ansymudol ar arwyneb pilen gel, ac yna caiff ei osod mewn colofn. Caiff pwlp afal ei ychwanegu ar y top, a chaiff sudd ei gasglu ar y gwaelod. Mae'r diagram yn dangos y broses. Disgrifiwch sut gallech chi wella'r arbrawf.

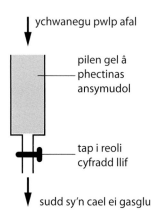

ychwanegu pwlp afal

pilen gel â phectinas ansymudol

tap i reoli cyfradd llif

sudd sy'n cael ei gasglu

Gallech chi ysgrifennu:

'Byddwn i'n gwneud yn siŵr bod yr un màs o afalau yn cael ei ychwanegu, a bod yr afalau yr un oed.'

Mae hwn yn ateb sylfaenol.

Mae angen i ateb da fod yn gywir ac yn fanwl. Er enghraifft:

'Byddwn i'n gwneud yn siŵr bod yr un màs o afalau yn cael ei ychwanegu, er enghraifft 100 g, a bod yr afalau yr un oed, e.e. 1 wythnos oed. Byddwn i hefyd yn rheoli'r tymheredd i fod yn optimwm i'r pectinasau dan sylw, e.e. 30 °C.'

Edrychwch ar yr enghraifft ganlynol:

Mae disgybl yn cynnal arbrawf i ymchwilio i effaith tymheredd ar resbiradaeth mewn celloedd burum. Mae'n ychwanegu 1 g o furum sych at 25 cm³ o hydoddiant glwcos 5% ac ar ôl ei fagu am 10 munud ar 15 °C, mae'n ychwanegu 1 cm³ o hydoddiant TTC 5%. Derbynnydd hydrogen artiffisial yw TTC, ac mae'n newid lliw o ddi-liw i goch ym mhresenoldeb atomau hydrogen sy'n cael eu rhyddhau yn ystod resbiradaeth. Mae'r disgybl yn cofnodi'r amser mae'r hydoddiant burum yn ei gymryd i droi'n goch.

Mae'r arbrawf yn cael ei ailadrodd ar 30 °C a 45 °C ac mae'r amser mae'r daliant burum yn ei gymryd i droi'n goch wedi'i gofnodi isod.

Tymheredd (°C)	Yr amser y cymerodd y daliant burum i droi'n goch (s)			
	Arbrawf 1	Arbrawf 2	Arbrawf 3	Cymedr (eiliad gyfan agosaf)
15	450	427	466	448
30	322	299	367	329
45	170	99	215	161

C: Pa gasgliadau sy'n gallu cael eu ffurfio o'r arbrawf hwn ynglŷn ag effaith tymheredd ar resbiradaeth mewn burum?

Gallech chi ysgrifennu:

'Mae cynyddu'r tymheredd yn lleihau'r amser mae'n ei gymryd i'r daliant burum droi'n goch, sy'n dangos bod resbiradaeth yn digwydd yn gyflymach.'

Mae angen i ateb da fod yn gywir ac yn fanwl, er enghraifft:

'Mae cynyddu'r tymheredd yn cynyddu cyfradd resbiradaeth yn y burum, felly mae ensymau dadhydrogenas yn tynnu atomau hydrogen o drios ffosffad yn gyflymach. Mae hyn oherwydd bod gan yr ensymau dadhydrogenas a'r moleciwlau swbstrad trios ffosffad fwy o egni cinetig ar dymheredd uwch. Mae mwy o atomau hydrogen yn cael eu rhyddhau'n gyflymach, felly mae TTC yn cael ei rydwytho'n gyflymach gan droi'r burum yn goch mewn amser byrrach.'

Pe bai gofyn i chi roi sylwadau am ddilysrwydd eich casgliad, gallech chi ysgrifennu:

'Roedd hi'n anodd nodi pryd roedd yr hydoddiannau'n troi'n goch, felly roedd hi'n anodd gwybod pryd i stopio amseru'r adweithiau.'

Byddai ateb da yn fwy manwl. Er enghraifft:

'Mae'r canlyniadau ar 45 °C yn newidiol iawn ac yn amrywio o 99 i 215 eiliad. Mae hi'n anodd ffurfio casgliad ynglŷn ag effaith tymheredd ar resbiradaeth mewn burum oherwydd dim ond tri thymheredd oedd yn yr ymchwiliad. Roedd canfod diweddbwynt yr adwaith yn anhawster mawr arall, oherwydd na chafodd lliw coch safonol na cholorimedr eu defnyddio.'

Fel rhan o'r sgìl hwn, efallai y byddai gofyn i chi hefyd nodi beth yw'r newidynnau annibynnol, dibynnol a rheolydd mewn ymchwiliad. Cofiwch:

- Y newidyn annibynnol yw'r un rydych chi'n ei newid.
- Y newidyn dibynnol yw'r un rydych chi'n ei fesur.
- Mae newidynnau rheolydd yn newidynnau sy'n effeithio ar yr adwaith rydych chi'n ymchwilio iddo, a rhaid iddyn nhw gael eu cadw'n *gyson*.

Paratoi ar gyfer yr arholiad

Mathau o gwestiynau arholiad

Mae dau brif fath o gwestiwn yn yr arholiad.

1. Cwestiynau strwythuredig ateb byr

Mae'r rhan fwyaf o gwestiynau'n perthyn i'r categori hwn. Efallai bydd y cwestiynau hyn yn gofyn i chi ddisgrifio, esbonio, cymhwyso, a/neu werthuso rhywbeth, ac maen nhw'n werth 6–10 marc fel arfer. Gallai cwestiynau cymhwyso ofyn i chi ddefnyddio eich gwybodaeth mewn cyd-destun anghyfarwydd neu esbonio data arbrofol. Mae'r cwestiynau wedi'u rhannu'n ddarnau llai, e.e. (a), (b), (c), ac ati, a gallai'r rhain gynnwys rhai cwestiynau enwi neu nodi am 1 marc, ond bydd y rhan fwyaf ohonyn nhw'n gofyn i chi ddisgrifio, esbonio neu werthuso rhywbeth am 2–5 marc. Efallai bydd gofyn i chi hefyd gwblhau tabl, labelu neu luniadu diagram, plotio graff, neu wneud cyfrifiad mathemategol.

Rhai enghreifftiau sy'n gofyn 'enwch', 'nodwch' neu 'diffiniwch':
- Diffiniwch y term bioamrywiaeth. (1 marc)
- Nodwch y term sy'n cael ei ddefnyddio i ddisgrifio trosglwyddiad egni rhwng ysyddion. (1 marc)
- Enwch y celloedd sydd wedi'u dangos sy'n cyflawni meiosis. (1 marc)
- Enwch hormon A sydd i'w weld ar y graff. (1 marc)

Rhai enghreifftiau o gyfrifiadau mathemategol:
- Mae'r ddelwedd uchod wedi'i chwyddo × 32,500. Cyfrifwch led gwirioneddol yr organyn mewn micrometrau rhwng pwyntiau A a B. (2 farc)
- Defnyddiwch y graff i gyfrifo cyfradd gychwynnol adwaith yr ensym. (2 farc)
- Cyfrifwch ganran yr egni y mae'r ysyddion eilaidd yn ei golli drwy resbiradaeth. (2 farc)
- Defnyddiwch fformiwla Hardy–Weinberg i amcangyfrif nifer yr unigolion mewn poblogaeth o 1000 fyddai'n cludo'r cyflwr. (4 marc)
- Cyfrifwch X^2 ar gyfer canlyniadau'r croesiad sydd i'w weld. (3 marc)

Rhai enghreifftiau sy'n gofyn am ddisgrifio:
- Disgrifiwch sut gallen ni arafu colled bioamrywiaeth. (1 marc)
- Disgrifiwch sut gallen ni ddefnyddio rhwyd ysgubo i amcangyfrif indecs amrywiaeth pryfed yng ngwaelod perth. (3 marc)

Rhai enghreifftiau sy'n gofyn am esbonio:
- Awgrymwch un o gyfyngiadau'r dull hwn, ac esboniwch sut gallai hyn fod wedi effeithio ar ddilysrwydd eich casgliad. (2 farc)
- Esboniwch pam mae'n rhaid bod tri bas ym mhob codon i gydosod yr asid amino cywir. (2 farc)
- Esboniwch y term ffiniau'r blaned. (2 farc)
- Esboniwch pam mae'n bwysig cynnal tymheredd a pH cyson wrth ddefnyddio biosynhwyrydd i fesur crynodiad wrea. (2 farc)
- Esboniwch sut mae adeileddau cellwlos a chitin yn wahanol i adeiledd startsh. (2 farc)

Rhai enghreifftiau sy'n gofyn am gymhwyso:
- Awgrymwch beth yw swyddogaeth NAD yn y gyfres o adweithiau sydd i'w gweld. (1 marc)
- Rydyn ni wedi dangos bod cyffur yn atal cychwyn y cyfnod S mewn mitosis. Awgrymwch pam byddai'n bosibl defnyddio hwn i drin canser. (3 marc)
- Defnyddiwch y wybodaeth sydd wedi'i rhoi i esbonio pam byddai sodiwm bensoad yn effeithio ar fanwl gywirdeb y biosynhwyrydd. (5 marc)

Rhai enghreifftiau sy'n gofyn am werthuso:
- Disgrifiwch sut gallech chi wella eich hyder yn eich casgliad. (2 farc)
- Dadansoddwch y data yn y tabl a lluniwch gasgliadau gwahanol. Esboniwch sut daethoch chi i'r casgliadau hyn. (3 marc)
- Gwerthuswch gryfder eu tystiolaeth ac felly ddilysrwydd eu casgliad. (4 marc)

2. Cwestiynau atebion estynedig

Mae un cwestiwn ym mhob arholiad yn cynnwys cwestiwn ateb estynedig sy'n werth 9 marc. Bydd ansawdd eich ymateb estynedig (AYE) yn cael ei asesu yn y cwestiwn hwn. Byddwch chi'n cael marciau yn seiliedig ar gyfres o ddisgrifyddion: i gael marciau llawn, mae hi'n bwysig rhoi ateb llawn a manwl gan gynnwys esboniad manwl. Dylech chi ddefnyddio terminoleg a geirfa wyddonol yn gywir, gan gynnwys sillafu a gramadeg cywir a pheidio â chynnwys gwybodaeth amherthnasol. Mae'n syniad da ffurfio cynllun cryno cyn i chi ddechrau, i roi trefn ar eich meddyliau: dylech chi groesi hwn allan ar ôl i chi orffen. Byddwn ni'n edrych ar rai enghreifftiau'n nes ymlaen.

Geiriau gorchymyn neu eiriau gweithredu

Mae'r rhain yn dweud beth mae angen i chi ei wneud. Dyma rai enghreifftiau:

Dadansoddwch, sy'n golygu archwilio strwythur data, graffiau neu wybodaeth. Un awgrym da yw chwilio am batrymau a thueddiadau, a'r gwerthoedd uchaf ac isaf.

Cyfrifwch, sef darganfod swm rhywbeth yn fathemategol. Mae'n bwysig iawn eich bod chi'n dangos eich gwaith cyfrifo (os nad ydych chi'n cael yr ateb cywir, rydych chi'n dal i allu cael marciau am eich gwaith cyfrifo).

Mae **dewiswch** yn golygu dewis un o wahanol ddewisiadau.

Mae **cymharwch** yn gofyn i chi nodi pethau sy'n debyg ac yn wahanol rhwng dau beth. Wrth roi manylion nodweddion tebyg a gwahanol, mae hi'n bwysig eich bod chi'n trafod y ddau beth. Un syniad da yw ysgrifennu dau osodiad a'u cysylltu nhw â'r gair 'ond'.

Mae **cwblhewch** yn golygu ychwanegu'r wybodaeth ofynnol.

Mae **ystyriwch** yn golygu adolygu gwybodaeth a gwneud penderfyniad.

Disgrifiwch, sef rhoi disgrifiad o rywbeth. Os oes rhaid i chi ddisgrifio'r duedd mewn data neu graff, rhowch werthoedd.

Mae **trafodwch** yn gofyn i chi gyflwyno'r pwyntiau allweddol.

Mae **gwahaniaethwch** yn golygu bod gofyn i chi ddod o hyd i wahaniaethau rhwng dau beth.

Lluniadwch yw gwneud diagram o rywbeth.

Amcangyfrifwch yw cyfrifo neu farnu'n fras beth yw gwerth rhywbeth.

Mae **gwerthuswch** yn gofyn i chi lunio barn o ddata, casgliad neu ddull sydd wedi'u darparu, a chynnig dadl gytbwys â thystiolaeth i gefnogi eich barn.

Mae **esboniwch** yn golygu rhoi ateb a defnyddio eich gwybodaeth fiolegol i roi rhesymau pam.

Nodwch (*Identify*) yw adnabod rhywbeth a gallu dweud beth ydyw.

Cyfiawnhewch yw eich bod chi'n darparu dadl o blaid rhywbeth; er enghraifft, efallai bydd cwestiwn yn gofyn i chi a ydy'r data yn ategu casgliad. Yna, dylech chi roi rhesymau pam mae'r data'n ategu'r casgliad sydd wedi'i roi.

Labelwch yw rhoi enwau neu wybodaeth ar dabl, diagram neu graff.

Amlinellwch yw nodi'r prif nodweddion.

Mae **enwch** yn golygu adnabod rhywbeth gan ddefnyddio term technegol cydnabyddedig. Ateb un gair fydd hwn yn aml.

Nodwch (*State*), sef rhoi esboniad cryno.

Mae **awgrymwch** yn golygu eich bod chi'n rhoi syniad call. Nid cofio syml yw hyn, ond defnyddio'r hyn rydych chi'n ei wybod.

Cyngor cyffredinol

Cofiwch ddarllen y cwestiwn yn ofalus: darllenwch y cwestiwn ddwywaith! Mae hi'n hawdd rhoi'r ateb anghywir os nad ydych chi'n deall beth mae'r cwestiwn yn gofyn amdano. Mae'r holl wybodaeth sydd wedi'i rhoi yn y cwestiwn yno i'ch helpu chi i'w ateb. Mae arholwyr wedi trafod y geiriad yn fanwl i sicrhau ei fod mor glir â phosibl.

Edrychwch ar nifer y marciau sydd ar gael. Un rheol dda yw gwneud o leiaf un pwynt gwahanol ar gyfer pob marc sydd ar gael. Felly, gwnewch bum pwynt gwahanol wrth ateb cwestiwn pedwar marc, i fod yn ddiogel. Gwnewch yn siŵr eich bod yn gwirio o hyd eich bod chi'n ateb y cwestiwn sydd wedi'i ofyn – mae hi'n hawdd crwydro oddi ar y testun! Os yw diagram yn helpu, dylech chi gynnwys un: ond gwnewch yn siŵr ei fod wedi'i anodi'n llawn.

Amseru

Mae un papur arholiad ysgrifenedig ar gyfer pob uned, a phob un yn para 2 awr. Cyfanswm y marciau am bob arholiad yw 90, ac mae pob un yn cyfrannu 25% at y radd derfynol. Yn Uned 4, mae Adran B yn cynnwys dewis o un cwestiwn o dri sy'n werth 20 marc: Dylech chi ateb y cwestiwn o'r testun rydych chi wedi ei astudio YN UNIG.

Camgymeriadau cyffredin

1. **Camddarllen y cwestiwn!**

   Efallai fod hyn yn swnio'n amlwg, ond DARLLENWCH y cwestiwn yn ofalus – gan wybod ystyr y geiriau gorchymyn!

2. **Peidio â chynnwys digon o fanylion**

   Dylech chi ddarparu o leiaf un pwynt i bob marc, felly os yw'r cwestiwn allan o 5, gwnewch o leiaf 5 pwynt, gan wneud yn siŵr eich bod chi'n cynnwys eich gwybodaeth fiolegol.

3. **Defnyddio terminoleg anghywir**

   Dydy dibynadwyedd DDIM yr un peth â manwl gywirdeb!

4. **Dylech chi ddangos eich holl waith cyfrifo ym MHOB ateb mathemateg**

   Cewch chi farciau os yw'r arholwr yn gallu gweld eich camau, hyd yn oed os cewch chi'r ateb anghywir yn y diwedd, felly mae'n bwysig dangos eich gwaith cyfrifo yn llawn A chofio eich unedau. Os na wnewch chi hyn, gallech chi golli marc!

5. **Camgymeriadau sillafu**

   Mae'n RHAID sillafu geiriau gwyddonol allweddol yn gywir; er enghraifft, wnaiff arholwyr ddim derbyn 'meitosis' ar gyfer meiosis rhag ofn mai mitosis roeddech chi'n ei olygu! Y rheol gyffredinol yw y bydd arholwyr yn caniatáu sillafu ffonetig cyn belled ag nad yw'n debyg i derm arall. Fodd bynnag, ar gyfer y cwestiwn estynedig bydd ansawdd eich ymateb estynedig YN cael ei asesu.

6. **Disgrifio data**

   Cofiwch ddyfynnu data o graffiau/tablau yn eich ateb GYDAG unedau.

7. **Mynd yn brin o amser**

   Caiff papurau arholiad eu hysgrifennu i roi digon o amser i chi. Os ydych chi'n cael trafferth, symudwch ymlaen OND cofiwch ddod yn ôl at y cwestiwn wedyn. Bob blwyddyn, mae marciau'n cael eu colli oherwydd bod cwestiynau wedi'u gadael yn wag!

8. **Lluniadu graffiau**

   Mae graff sy'n cael marciau llawn yn beth prin. Mae camgymeriadau cyffredin yn cynnwys:

   - Labeli anghywir ar echelinau
   - Unedau ar goll
   - Plotio pwyntiau heb ddigon o ofal
   - Methu uno plotiau'n fanwl gywir
   - Graddfeydd sydd ddim yn llinol.

   Rhowch gynnig arni eich hun – allwch chi weld y camgymeriadau?

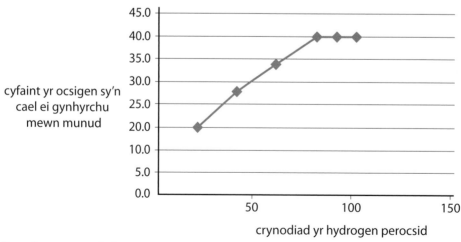

Dyma'r camgymeriadau:

   - Dim unedau ar yr un o'r ddwy echelin.
   - Dim gwerth tarddbwynt ar yr echelin lorweddol.
   - Dydy'r echelin fertigol ddim yn llinol, h.y. dydy'r bylchau ddim yn hafal.

   Gwnewch yn siŵr hefyd eich bod chi'n lluniadu barrau amrediad ac yn gallu esbonio eu harwyddocâd.

Uned 3: Egni, Homeostasis a'r Amgylchedd

3.1 Pwysigrwydd ATP a 3.3 Resbiradaeth

Crynodeb o'r testun

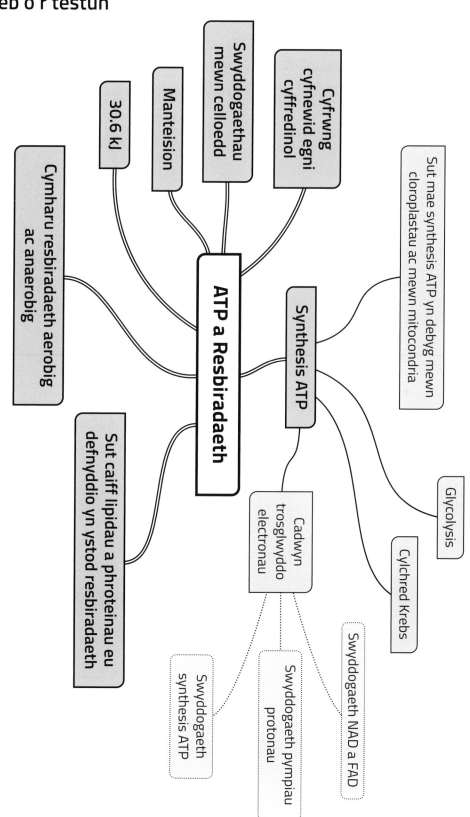

- Swyddogaethau mewn celloedd
- Cyfrwng cyfnewid egni cyffredinol
- Manteision
- 30.6 kJ
- Cymharu resbiradaeth aerobig ac anaerobig
- Sut mae synthesis ATP yn debyg mewn cloroplastau ac mewn mitocondria

ATP a Resbiradaeth

Synthesis ATP

- Sut caiff lipidau a phroteinau eu defnyddio yn ystod resbiradaeth
- Glycolysis
- Cylchred Krebs
- Cadwyn trosglwyddo electronau
  - Swyddogaeth synthesis ATP
  - Swyddogaeth pympiau protonau
  - Swyddogaeth NAD a FAD

Cwestiynau ymarfer

[AA1]

a) Yn y lle gwag isod, lluniadwch ddiagram wedi'i labelu o ATP. (2)

b) Enwch **ddwy** ffordd mae ATP yn cael ei ddefnyddio mewn cell planhigyn. (2)

c) Amlinellwch **dair** o fanteision ATP i gell. (3)

ch) Gan ddefnyddio enghreifftiau, gwahaniaethwch rhwng ffosfforyleiddiad lefel swbstrad a ffosfforyleiddiad ocsidiol. (3)

C2 [AA1, AA2]

Mae resbiradaeth aerobig yn digwydd mewn nifer o gamau.

a) Cwblhewch y tabl gan ddefnyddio tic (✓) i ddynodi pa osodiadau sy'n berthnasol i'r camau resbiradaeth canlynol, neu groes (✗) os nad ydyn nhw'n berthnasol. (4)

CYNGOR

Peidiwch â gadael unrhyw flychau'n wag. Os nad ydych chi'n siŵr, dyfalwch: mae gennych chi siawns 50:50 o gael yr ateb yn gywir!

Gosodiad	Glycolysis	Adwaith cysylltu	Cylchred Krebs	Cadwyn trosglwyddo electronau
Mae'n digwydd ym matrics y mitocondrion				
ATP wedi'i gynhyrchu drwy gyfrwng ffosfforyleiddiad lefel swbstrad				
FAD yn cael ei rydwytho				
NADH$_2$ yn cael ei ocsidio				

b) Esboniwch swyddogaeth ATP ym mhroses glycolysis. (3)

....

....

....

....

c) Yn ystod ymarfer corff egnïol, mae cyhyrau'n gallu resbiradu'n anaerobig dros dro. Esboniwch pam mae hi'n bwysig bod cyhyrau athletwr yn trawsnewid pyrwfad yn lactad (asid lactig). (3)

....

....

....

....

Uned 3: Egni, Homeostasis a'r Amgylchedd

C3

[AA3, AA1]

Mae arbrawf yn cael ei gynnal i ymchwilio i effaith tymheredd ar resbiradaeth mewn burum. Mae 5 cm³ o ddaliant burum yn cael ei roi mewn tiwb profi gydag 1 cm³ o driffenyl tetrasoliwm clorid (TTC). Mae TTC yn dderbynnydd hydrogen artiffisial sy'n ddi-liw ar ôl ei ocsidio ond yn troi'n goch wrth gael ei rydwytho. Mae'r ddau hydoddiant yn cyrraedd ecwilibriwm ar bob tymheredd cyn eu cymysgu, ac mae'r arbrawf yn cael ei gynnal dair gwaith ar bob tymheredd. Mae'r canlyniadau i'w gweld yn y graff isod:

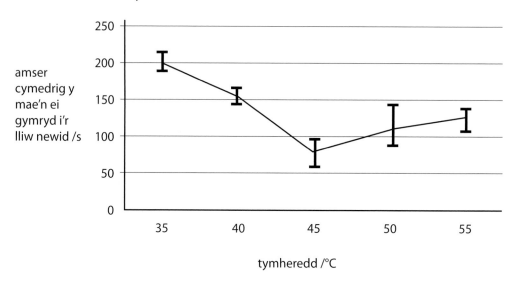

a) Casgliad y disgybl yw mai'r tymheredd optimwm ar gyfer resbiradaeth y burum yw 45 °C. Gwerthuswch y gosodiad hwn. (3)

b) Esboniwch **ddwy** ffordd bosibl o wella'r arbrawf i wneud y data'n fwy dibynadwy. (2)

c)   Esboniwch pam mae'r TTC yn cymryd amser hirach i newid lliw ar 55 °C. (3)

....

....

....

....

....

....

ch) Gan ddefnyddio eich gwybodaeth am resbiradaeth a'r wybodaeth sydd wedi'i rhoi, esboniwch sut gallwn ni ddefnyddio TTC i fesur resbiradaeth mewn burum. (3)

....

....

....

....

....

....

C4

[AA1, AA2, M]

a) Mae resbiradaeth aerobig yn gallu cynhyrchu uchafswm damcaniaethol o 38 môl o ATP o un môl o glwcos. Mae un môl o glwcos yn cynnwys 2880 kJ o egni, ac mae hydrolysis ATP yn rhyddhau 30.6 kJ o bob môl.

   i) Nodwch ble yn union mae pob un o gamau resbiradaeth aerobig yn digwydd mewn celloedd anifeiliaid. (3)

   ....

   ....

   ....

   ii) Cyfrifwch effeithlonedd egni resbiradaeth anaerobig. Dangoswch eich gwaith cyfrifo. (2)

   Ateb ....

b) Yn ddamcaniaethol, mae resbiradaeth anaerobig yn cynhyrchu llawer llai o egni – mae'r effeithlonedd tua 2%. Disgrifiwch resbiradaeth anaerobig mewn anifeiliaid, gan esbonio pam mae'r gwerth hwn yn debygol o fod yn llawer uwch. (3)

   ....

   ....

   ....

   ....

   ....

C5 [AA1, AA2, S]

Mae'r diagram canlynol yn dangos un o gamau resbiradaeth aerobig:

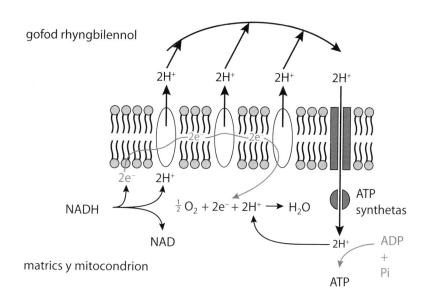

a) Beth yw ystyr y term ffosfforyleiddiad ocsidiol? (1)

....

....

b) Esboniwch pam mae pob NADH yn cynhyrchu tri moleciwl ATP, ond dim ond dau mae FADH yn eu cynhyrchu. (3)

....

....

....

....

c) Mae cyanid yn atalydd anghystadleuol i'r pwmp protonau terfynol yn y gadwyn trosglwyddo electronau. Awgrymwch pam mae dod i gysylltiad â hwn yn angheuol, a pham mae'n dal i atal y pwmp hyd yn oed os yw electronau a phrotonau'n cronni. (3)

....

....

....

....

[M, AA1, AA2]

C6 Mae'r micrograff electron isod yn dangos mitocondrion o feinwe cyhyr.

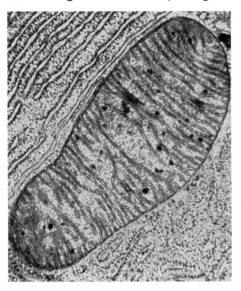

a) Amcangyfrifwch arwynebedd arwyneb yr organyn sydd i'w weld drwy ddefnyddio'r fformiwla arwynebedd arwyneb $2\pi r l + 2\pi r^2$, lle mae l = hyd yr organyn 11.2 µm, π = 3.14 ac mae'r diamedr yn 1.2 µm. Dangoswch eich gwaith cyfrifo. (2)

Ateb ....

b) Mae arwynebedd arwyneb nodweddiadol y mitocondria sydd yn y rhan fwyaf o gelloedd yn amrywio rhwng 25 a 40 µm². Awgrymwch fantais mitocondria ag arwynebedd arwyneb mwy mewn cyhyrau. (3)

....

....

....

....

[AA1, AA2]

C7

Mae'r diagram isod yn dangos llwybrau resbiradol carbohydradau, proteinau a brasterau:

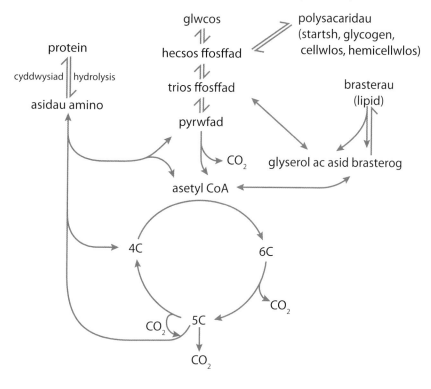

a) Ar y diagram uchod, marciwch ble mae ADP yn cael ei ffosfforyleiddio. (2)

b) Beth sy'n cynhyrchu'r mwyaf o egni, 1 g o fraster neu 1 g o garbohydrad? Esboniwch eich ateb. (2)

c) Amlinellwch sut mae proteinau'n cael eu resbiradu. (2)

Dadansoddi cwestiynau ac atebion enghreifftiol

C&A 1

[a = AA1, b = AA2, c = AA3]

Mae sampl o afu/iau llo yn cael ei homogeneiddio mewn hydoddiant byffer isotonig wedi'i oeri ag iâ, ac yna'n cael ei allgyrchu ar fuanedd uchel i wahanu'r organynnau. Mae'r uwchwaddod a sampl o fitocondria yn cael eu magu gyda glwcos ar 37 °C ac mae'r cynhyrchion yn cael eu canfod. Mae'r arbrawf yn cael ei ailadrodd gyda'r ddau sampl gan ddefnyddio pyrwfad yn lle glwcos.

Mae'r tabl yn dangos y canlyniadau:

Sampl	Wedi'i fagu gyda glwcos		Wedi'i fagu gyda phyrwfad	
	CO_2 sy'n cael ei gynhyrchu	Lactad sy'n cael ei gynhyrchu	CO_2 sy'n cael ei gynhyrchu	Lactad sy'n cael ei gynhyrchu
Mitocondria	✗	✗	✓	✗
Uwchwaddod	✗	✓	✗	✗

a) Esboniwch pam mae'r byffer sy'n cael ei ddefnyddio yn isotonig ac awgrymwch pam mae wedi'i oeri ag iâ. (2)

b) Esboniwch y canlyniadau a arsylwyd. (5)

c) Beth byddech chi'n disgwyl ei weld pe bai'r arbrawf yn cael ei ailadrodd gan ddefnyddio matrics y mitocondrion? Esboniwch eich ateb. (2)

Ateb Lucie

a) Mae byffer isotonig yn atal lysis mitocondria ✓ ac mae ei oeri ag iâ yn arafu ensymau a allai niweidio'r cynnwys. ✓

b) Dydy'r mitocondria ddim yn gallu metaboleiddio glwcos, a dyna pam does dim carbon deuocsid na lactad yn cael eu cynhyrchu. ✓

SYLWADAU'R MARCIWR

Gallai'r ateb fod wedi cynnwys y ffaith nad yw glycolysis yn digwydd yn y mitocondria ac felly fydd yr ensymau y mae eu hangen i ddadelfennu glwcos ddim ar gael.

Pan mae mitocondria'n cael eu magu gyda phyrwfad, mae carbon deuocsid yn cael ei gynhyrchu, oherwydd bod pyrwfad yn gallu tryledu i mewn i'r mitocondria ac mae carbon deuocsid yn cael ei gynhyrchu o ganlyniad i'r adwaith cysylltu, a chylchred Krebs sy'n digwydd ym matrics y mitocondrion. ✓ Mae'r uwchwaddod yn cynnwys yr ensymau sy'n bresennol yn cytoplasm celloedd yr afu ac felly mae glycolysis yn digwydd, gan gynhyrchu lactad o glwcos drwy gyfrwng resbiradaeth anaerobig. ✓ Does dim lactad na charbon deuocsid yn cael eu cynhyrchu pan mae'r uwchwaddod yn cael ei fagu gyda phyrwfad, oherwydd dydy'r adwaith cysylltu a chylchred Krebs ddim yn digwydd yn y cytoplasm. ✓

c) Byddai'r canlyniadau yr un fath ag ar gyfer y mitocondria ✓ gan fod yr adweithiau i gyd, e.e. adwaith cysylltu a Krebs sy'n cynhyrchu carbon deuocsid, yn digwydd yn y matrics. ✓

Mae Lucie yn cael 8/9 marc

Ateb Ceri

a) Mae'r byffer yn cynnal pH cyson. ✗ Mae ei oeri ag iâ yn arafu ensymau. ✓

SYLWADAU'R MARCIWR
Mae Ceri wedi drysu rhwng byffer isotonig a byffer pH, ac er y gallai fod wedi rhesymu'n well ynglŷn â'r rheswm dros oeri'r byffer ag iâ, mae'r syniad yno.

b) Dydy mitocondria ddim yn gallu cynhyrchu carbon deuocsid na lactad. ✗

SYLWADAU'R MARCIWR
Dim ond disgrifiad yw hwn, does dim esboniad.

Mae mitocondria'n rhyddhau carbon deuocsid wrth gael eu magu gyda phyrwfad, oherwydd bod pyrwfad yn cael ei hydrolysu yn ystod yr adwaith cysylltu a chylchred Krebs. ✓

SYLWADAU'R MARCIWR
Mae Ceri'n sôn am yr adweithiau ond gallai fod wedi nodi ble maen nhw'n digwydd, h.y. matrics y mitocondrion.

Mae'r uwchwaddod wedi'i wneud o gytoplasm cell sef lle mae glycolysis yn digwydd, felly mae lactad yn cael ei gynhyrchu gan resbiradaeth anaerobig. ✓

SYLWADAU'R MARCIWR
Dydy Ceri ddim wedi esbonio pam nad yw carbon deuocsid a lactad yn cael eu cynhyrchu pan fydd yr uwchwaddod yn cael ei fagu gyda phyrwfad, h.y. oherwydd dydy'r adwaith cysylltu a chylchred Krebs ddim yn digwydd yn y cytoplasm.

c) Byddai'r canlyniadau yr un fath ag ar gyfer y mitocondria ✓ gan fod yr holl adweithiau sy'n cynhyrchu carbon deuocsid yn digwydd yno. ✗

SYLWADAU'R MARCIWR
Mae angen i Ceri fod yn gliriach ynghylch pam, h.y. bod yr adweithiau yn yr adwaith cysylltu a chylchred Krebs sy'n cynhyrchu carbon deuocsid yn digwydd ym matrics y mitocondrion.

Mae Ceri yn cael 4/9 marc

CYNGOR
Mae hi'n bwysig eich bod chi'n cyfeirio at gamau resbiradaeth ac yn nodi ble yn union maen nhw'n digwydd.

Uned 3: Egni, Homeostasis a'r Amgylchedd

3.2 Ffotosynthesis

Crynodeb o'r testun

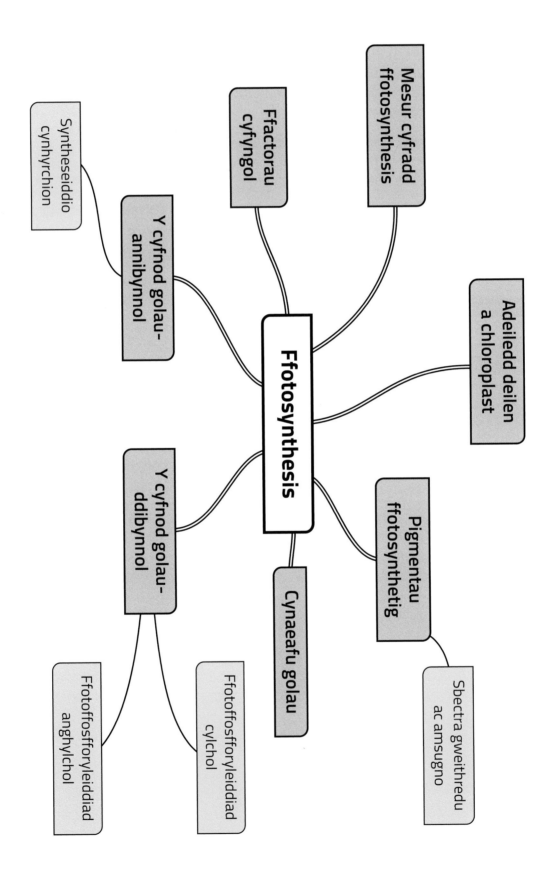

Cwestiynau ymarfer

[AA1]

C1 Mae'r diagram isod yn crynhoi'r camau yn ystod cyfnod golau-ddibynnol ffotosynthesis.

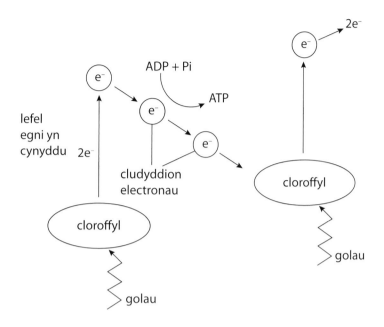

a) Nodwch ble yn union mae'r cyfnod yn digwydd. (1)

b) Enwch y broses sy'n cynhyrchu ATP, sydd i'w gweld yn y diagram. (1)

c) Enwch y grŵp o foleciwlau biolegol y mae ADP yn perthyn iddo. (1)

ch) Esboniwch swyddogaeth dŵr yn ystod y cyfnod golau-ddibynnol. (3)

d) Yn absenoldeb NADP, esboniwch beth sy'n digwydd i'r electronau. (1)

[AA1, AA2]

C2 Mae'r graff isod yn dangos sbectrwm amsugno planhigyn nodweddiadol:

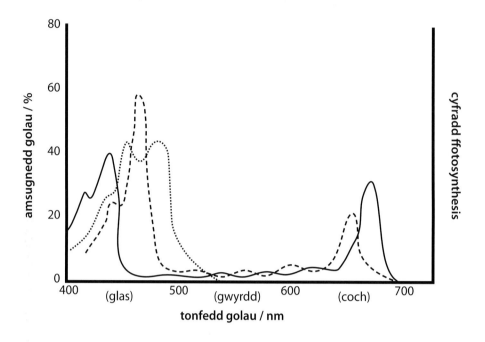

a) Esboniwch pam rydyn ni'n dweud bod cloroplastau yn drawsddygiaduron. (1)

....

....

b) Beth yw'r gwahaniaeth rhwng sbectrwm amsugno a sbectrwm gweithredu? (1)

....

....

....

c) Ar y graff, marciwch y llinell sy'n cynrychioli sbectrwm amsugno carotenoidau. Esboniwch eich ateb. (2)

....

....

ch) Ar y graff, tynnwch linell i gynrychioli'r sbectrwm gweithredu a'i labelu. (1)

d) Mae dyfnder dŵr yn effeithio ar donfedd ac arddwysedd golau. Ar 10 m mae arddwysedd y golau'n hanner yr arddwysedd ar yr arwyneb, a dim ond tonfeddi melyn, gwyrdd a glas sydd ynddo.

Dyfnder / m	Arddwysedd golau fel % o'r golau ar yr arwyneb	Canran y golau sydd ar gael yn ôl lliw / %			
		Coch	Melyn	Gwyrdd	Glas
0	100.0	25	25	25	25
10	50.0	1	33	33	33
20	25.0	0	0	50	50
30	12.5	0	0	0	100

Mae *Saccharina latissima* (môr-wregys) yn wymon lliw brown â ffrondau llydan i ddal golau. Mae môr-wregys yn aml i'w gael o gwmpas arfordir Ynysoedd Prydain lle mae dyfnder y dŵr hyd at 30 m.

Gan ddefnyddio'r wybodaeth sydd wedi'i rhoi, esboniwch pam mae gan fôr-wregys ffrondau mawr brown a pham mae'n gallu tyfu ar ddyfnderoedd hyd at 30 m. (2)

....

....

....

....

C3

[AA3, AA1]

Yn 1887 cynhaliodd Engelmann arbrawf i ddod o hyd i safle ffotosynthesis. Roedd yn defnyddio prism i wahanu'r tonfeddi gwahanol o olau a oedd yn goleuo daliant o algâu a oedd â bacteria aerobig mudol wedi'u gwasgaru'n gyson ynddo. Mae'r canlyniadau i'w gweld yn y diagram isod:

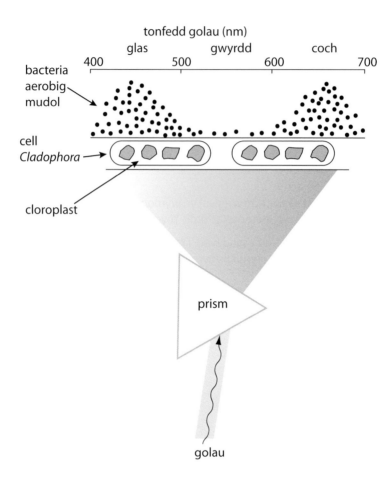

a) Casgliad Engelmann oedd mai dim ond tonfeddi golau glas a choch oedd celloedd *Cladophora* yn eu hamsugno. Defnyddiwch eich gwybodaeth a chanlyniadau arbrawf Engelmann i gyfiawnhau'r casgliad hwn yn llawn. (3)

....

....

....

....

....

b) Amlinellwch beth yw ystyr y cymhlygyn antena ac esboniwch ei swyddogaeth. (3)

....

....

....

....

C4

[AA1, AA2]

Mae'r graffiau isod yn dangos effaith tri gwahanol ffactor cyfyngol, X, Y a Z, ar gyfradd ffotosynthesis mewn planhigion:

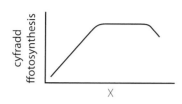 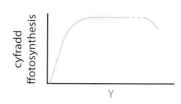 

a) Esboniwch yn llawn beth yw ystyr ffactor cyfyngol. (1)

....

....

b) Enwch y tri ffactor cyfyngol sydd i'w gweld. Esboniwch eich dewis. (6)

X = ...

Rheswm

....

....

Y = ...

Rheswm

....

....

Z = ...

Rheswm

....

....

C5

[AA1, AA3]

Mae ATP yn cael ei syntheseiddio mewn mitocondria ac mewn cloroplastau yn yr un modd. Gwerthuswch y gosodiad hwn. (9 AYE)

[M, AA2, AA3]

C6 Mae ffotosynthomedr â diamedr tiwb capilari o 0.1 cm yn cael ei ddefnyddio i fesur cyfaint yr ocsigen sy'n cael ei gynhyrchu gan ddarn o ddyfrllys Canada mewn pum munud ar 20 °C. Mae'r canlyniadau i'w gweld yn y tabl isod:

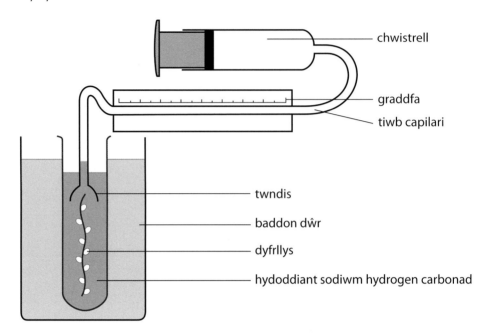

Tymheredd / °C	Hyd y swigen yn y tiwb capilari / mm				Cyfaint cymedrig yr ocsigen sy'n cael ei gynhyrchu mewn pum munud / mm³
	Arbrawf 1	Arbrawf 2	Arbrawf 3	Cymedr	
20	25	23	22		
25	32	34	40		
30	41	42	42		
35	45	47	40		
40	32	30	30		

Dyma'r fformiwla i gyfrifo cyfaint y swigen sy'n cael ei chasglu:

Cyfaint = $\pi\, r^2 \times$ hyd y swigen

Lle mae π = 3.14

a) Cwblhewch y tabl uchod. (3)

b) Casgliad y disgybl yw mai'r tymheredd optimwm yw 35 °C. Gwerthuswch y gosodiad hwn. (3)

....

....

....

....

Dadansoddi cwestiynau ac atebion enghreifftiol

[a = AA1, b = AA2, c = AA3]

C&A 1 Mae arbrawf yn cael ei gynnal gan ddefnyddio algâu mewn fflasg lolipop Calvin. Dros un awr, mae samplau'n cael eu tynnu o'r fflasg yn rheolaidd a'u rhoi mewn tiwb sy'n cynnwys methanol poeth. Mae'r cynhyrchion yn cael eu canfod ac mae eu masau'n cael eu mesur gan ddefnyddio sbectrosgopeg màs. Mae'r arbrawf yn cael ei gynnal unwaith gan ddefnyddio hydrogen carbonad 0.04% a'i ailadrodd gan ddefnyddio 0.008%. Mae'r graff isod yn dangos masau cymharol glyserad-3-ffosffad (GP), trios ffosffad (TP) a ribwlos bisffosffad (RwBP):

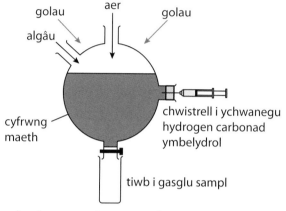

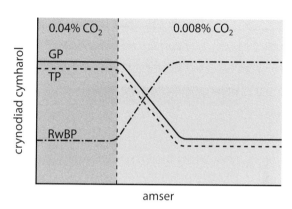

a) Awgrymwch pam mae'r samplau'n cael eu casglu mewn tiwb sy'n cynnwys methanol poeth. Esboniwch pam byddai'r canlyniadau'n llai dibynadwy pe na bai hyn yn digwydd. (2)

b) Disgrifiwch ac esboniwch sut mae lleihau crynodiad hydrogen carbonad yn effeithio ar grynodiadau cymharol GP, TP a RwBP. (5)

c) Awgrymwch sut byddai lleihau arddwysedd golau yn effeithio ar grynodiadau cymharol TP a RwBP â hydrogen carbonad 0.04%. (3)

Ateb Lucie

a) *Mae'n cynnwys methanol poeth i ddadnatureiddio'r ensymau er mwyn atal unrhyw adweithiau pellach.* ✓ *Os na fyddai hyn yn digwydd, gallai cynhyrchion eraill ffurfio, e.e. gallai GP gael ei drawsnewid yn TP.* ✓

b) *Mae lleihau crynodiad yr hydrogen carbonad yn golygu bod llai o garbon deuocsid ar gael i uno â RwBP i gynhyrchu GP, felly mae RwBP yn cronni.* ✓

Ac felly does dim cymaint o GP yn gallu ffurfio. Mae unrhyw GP sy'n bresennol yn cael ei drawsnewid yn TP ac felly mae GP yn gostwng. ✓ *Mae crynodiad TP yn gostwng oherwydd bod crynodiad GP yn gostwng, a bydd unrhyw TP sy'n bresennol yn cael ei drawsnewid yn garbohydrad, felly mae'r TP yn cael ei ddefnyddio.* ✓

c) *Mae lleihau arddwysedd golau yn golygu llai o ATP ac NADP wedi'i rydwytho, felly mae llai o TP yn cael ei gynhyrchu gan fod angen ATP ac NADP wedi'i rydwytho i wneud TP o GP.* ✓ *Bydd llai o RwBP* ✓ *yn cael ei wneud oherwydd mae RwBP yn dal i gael ei ddefnyddio i wneud GP; ond dydy RwBP ddim yn cael ei atffurfio gan nad yw GP yn cael ei droi'n TP, ac y mae angen TP i wneud RwBP.* ✓

SYLWADAU'R MARCIWR
Mae lleihau arddwysedd golau yn golygu llai o ATP ac NADP wedi'i rydwytho, ac felly llai o RwBP oherwydd bod RwBP yn dal i gael ei ddefnyddio i wneud GP; ond dydy RwBP ddim yn cael ei atffurfio gan nad yw GP yn gallu cael ei droi'n TP, ac y mae angen TP i wneud RwBP.

Mae Lucie yn cael 8/10 marc

Ateb Ceri

a) I ladd yr algâu i atal adweithiau. ✗

b) Mae lleihau crynodiad hydrogen carbonad yn achosi i grynodiad RwBP gynyddu. ✗

SYLWADAU'R MARCIWR

Dydy Ceri ddim yn dweud y bydd adweithiau ensym yn cael eu hatal: Mae hyn yn bwysig oherwydd gallai GP gael ei drawsnewid yn TP oni bai bod yr ensymau wedi'u dadnatureiddio.

SYLWADAU'R MARCIWR

Dim ond disgrifiad yw hwn: Dydy'r ateb ddim yn gwneud cysylltiad rhwng crynodiadau hydrogen carbonad a charbon deuocsid, nac yn sôn am yr ensym sy'n cymryd rhan, RwBisCO, nac am gineteg ensymau.

Mae GP yn gostwng wrth i hydrogen carbonad ostwng oherwydd dydy GP ddim yn cael ei wneud o RwBP, ond mae'n cael ei drawsnewid yn TP. ✓

SYLWADAU'R MARCIWR

Dydy Ceri ddim yn rhoi'r rhesymau dros y gostyngiad yn y TP: bod TP yn cael ei drawsnewid yn garbohydrad.

c) Mae llai o TP yn cael ei wneud gan fod angen ATP ac NADP wedi'i rydwytho i wneud TP o GP. ✓ Bydd llai o RwBP yn cael ei gynhyrchu, a bydd mwy o GP yn cael ei wneud. ✓

SYLWADAU'R MARCIWR

Mae Ceri yn rhagfynegi'n gywir beth fydd yn digwydd i RwBP a GP, ond dydy hi ddim yn esbonio pam mae llai o RwBP yn cael ei wneud.

Mae Ceri yn cael 3/10 marc

CYNGOR

Mae'n bwysig eich bod chi'n darllen y cwestiwn yn ofalus ac yn rhoi ateb mor fanwl ag y gallwch chi. Rhaid i chi enwi'r ensymau sy'n cymryd rhan ac esbonio'r canlyniadau yn nhermau cineteg ensymau, maes a drafodwyd yn UG. Os yw cwestiwn yn gofyn i chi awgrymu, mae angen esboniad o hyd.

3.4 Microbioleg

Crynodeb o'r testun

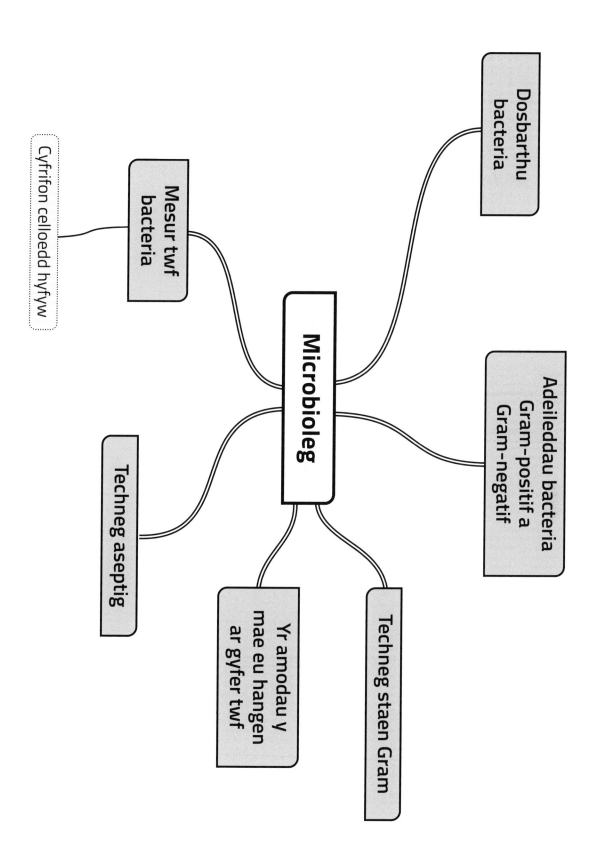

Uned 3: Egni, Homeostasis a'r Amgylchedd

Cwestiynau ymarfer

C1

[AA1, AA2]

Mae colera'n haint yn y coluddion sy'n cael ei achosi gan y bacteriwm *Vibrio cholerae*. Mae'r bacteria'n rhyddhau tocsinau sy'n achosi dolur rhydd dyfrllyd sy'n arwain at ddadhydradu difrifol a marwolaeth yn aml. Y prif beth sy'n achosi'r haint yw bwyta bwyd neu yfed dŵr sydd wedi'i halogi gan ysgarthion rhywun sydd wedi'i heintio. Yn y deg mis ar ôl daeargryn Haiti yn 2010, cofnodwyd dros 60,000 achos o golera ac arweiniodd hyn at 1400 o farwolaethau.

a) Awgrymwch sut gellid bod wedi atal lledaeniad colera ar ôl y daeargryn. (2)

....

....

....

b) Mae'r diagram isod yn dangos rhan o gellfur *Vibrio cholerae*.

haen allanol

Y

i) Enwch **ddwy** gydran sydd i'w cael yn yr haen allanol. (2)

....

....

ii) Enwch y gydran sydd i'w chael yn haen Y. (1)

....

iii) Pa liw fyddech chi'n disgwyl i gellfur *Vibrio cholerae* fod ar ôl y staen Gram? (1)

....

c) Esboniwch pam dydy penisilin ddim yn driniaeth effeithiol ar gyfer colera. (3)

....

....

....

....

....

ch) Disgrifiwch sut gallai gwyddonwyr wneud cyfrif celloedd hyfyw i amcangyfrif nifer y bacteria sy'n bresennol mewn sampl o ddŵr. (4)

....

....

....

....

....

....

....

....

....

Uned 3: Egni, Homeostasis a'r Amgylchedd

C2

[AA1, AA2, M]

Mae tri thiwb yn cael eu paratoi â chyfrwng maeth a'u hinocwleiddio â thri gwahanol fath o facteria. Maen nhw'n cael eu cadw ar 30 °C am 24 awr. Mae dosbarthiad y bacteria i'w weld yn y diagramau:

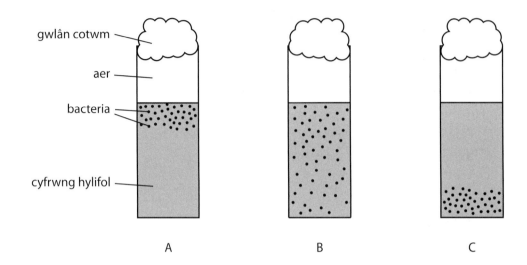

gwlân cotwm

aer

bacteria

cyfrwng hylifol

A   B   C

a) Enwch **ddau** faetholyn heblaw fitaminau neu fwynau sy'n angenrheidiol ar gyfer twf, y byddai angen eu hychwanegu at bob tiwb. Esboniwch eich ateb. (2)

Maetholyn ....

Rheswm

....

Maetholyn ....

Rheswm

....

b) Awgrymwch pa diwb sy'n cynnwys anaerobau anorfod. Rhowch esboniad am eich ateb. (2)

Tiwb ....

Rheswm

....

....

c) Awgrymwch pa diwb sy'n cynnwys aerobau anorfod. Rhowch esboniad am eich ateb. (2)

Tiwb ....

Rheswm

....

....

ch) Esboniwch beth yw ystyr anaerob amryddawn. (1)

....

....

d) Mae cyfrif platiau gwanediad yn cael ei gynnal ar y bacteria yn nhiwb B i ganfod y cyfrif celloedd hyfyw drwy blatio 0.1 cm^3 o bob gwanediad. Mae'r tabl isod yn dangos nifer y cytrefi sydd i'w gweld. Cyfrifwch gyfanswm nifer y celloedd hyfyw i bob cm^3. Dangoswch eich gwaith cyfrifo. (3)

Ffactor gwanedu	Nifer y cytrefi sydd i'w gweld
10^{-1}	>1000
10^{-2}	>1000
10^{-3}	599
10^{-4}	59
10^{-5}	5

Ateb = ...

C3

[AA1, AA2]

Er mwyn adnabod bacteria sy'n bresennol mewn sampl bwyd, mae disgybl yn trosglwyddo sampl i sleid wydr gan ddefnyddio techneg aseptig.

a) Disgrifiwch y rhagofalon y dylai'r disgybl eu cymryd i sicrhau bod y broses yn digwydd yn aseptig. (2)

....

....

....

b) Mae'r disgybl yn staenio'r bacteria gan ddefnyddio'r staen Gram, ac yna'n edrych arnynt o dan ficrosgop golau. Mae siâp y bacteria i gyd yn sfferig, ond mae rhai'n edrych yn borffor ac eraill yn binc.

i) Nodwch pa fath o facteria sy'n edrych yn binc. (2)

....

....

....

ii) Esboniwch pam mae rhai bacteria wedi staenio'n borffor ac eraill wedi staenio'n binc. (3)

....

....

....

....

....

....

[AA1, AA2]

C4

Mae'r graff isod yn dangos twf bacteria dros gyfnod o 24 awr ar ôl dod i gysylltiad â dwy wahanol ffynhonnell garbon: glwcos a startsh.

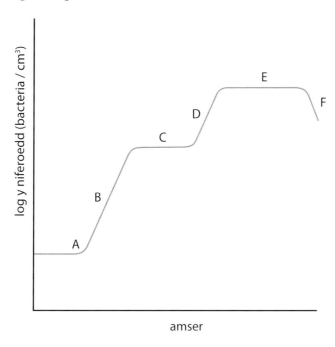

a) Enwch y gwahanol gyfnodau A, B, C. (2)

A = ...

B = ...

C = ...

b) Awgrymwch beth sy'n digwydd yng nghyfnod C sy'n arwain at gyfnod D. (2)

....

....

....

....

c) Esboniwch beth sy'n digwydd yng nghyfnod F. (2)

....

....

....

Dadansoddi cwestiynau ac atebion enghreifftiol

C&A 1

[a = AA1, b = AA2, c = AA3, ch = AA1]

Ar ôl achos o wenwyn bwyd, mae samplau bwyd yn cael eu profi gan ddefnyddio'r staen Gram ac mae'r bacteria'n rhoi lliw coch. Gan ddefnyddio'r dull cyfrif celloedd hyfyw, mae 1 cm³ o sampl bwyd yn cael ei wanedu drwy ychwanegu 9 cm³ o ddŵr di-haint gan ddefnyddio techneg aseptig. Mae'r sampl yn cael ei gymysgu, a'r gwanediadau'n cael eu hailadrodd. Yna, mae 0.1 cm³ o bob gwanediad yn cael ei daenu ar blât agar di-haint ac mae'r platiau'n cael eu magu ar 37 °C am 24 awr. Mae'r canlyniadau i'w gweld isod:

Ffactor gwanedu	Nifer y cytrefi sy'n tyfu
10^{-1}	>1000
10^{-2}	>1000
10^{-3}	899
10^{-4}	81
10^{-5}	7

a) Awgrymwch ddau reswm pam mai 37 °C sy'n cael ei ddewis yn hytrach na 25 °C i fagu'r platiau. (2)

b) Nodwch pa ffactor gwanedu y dylid ei ddefnyddio, a chyfrifwch nifer y bacteria byw ym mhob cm³ yn y sampl bwyd gwreiddiol. (3)

c) Esboniwch pam na fyddai penisilin yn wrthfiotig priodol i'w ddefnyddio i drin y cleifion. (3)

ch) Disgrifiwch sut cafodd techneg aseptig ei chyflawni. (3)

Ateb Lucie

a) Byddai'r bacteria'n tyfu'n gyflymach ar 37°C, ✓ a byddai'n fwy addas i dwf pathogenau dynol. ✓

b) 10^{-4} oherwydd bod 10^{-3} yn cynnwys gormod o gytrefi i'w cyfrif yn fanwl gywir, a does dim digon yn y 10^{-5}. ✓ 81 × 10,000 × 10 = 8.1 × 10^6. ✓✓

c) Mae'r bacteria'n staenio'n goch, felly rhaid ei fod yn Gram-negatif. ✓ Dydy penisilin ddim yn effeithiol yn erbyn bacteria Gram-negatif. ✓

> **SYLWADAU'R MARCIWR**
> Byddai angen i Lucie gynnwys mwy o fanylion ynglŷn â pham dydy hyn ddim yn effeithiol, h.y. oherwydd bod yr haen lipopolysacarid allanol yn atal y penisilin rhag cyrraedd yr haen peptidoglycan.

ch) I sicrhau bod techneg aseptig yn cael ei chynnal, mae pibed ddi-haint yn cael ei defnyddio i drosglwyddo'r dŵr di-haint a'r sampl bwyd, ✓ gan weithio'n agos at fflam Bunsen. ✓

> **SYLWADAU'R MARCIWR**
> Gallai Lucie fod wedi sôn am ddefnyddio taenwr di-haint neu wedi'i fflamio.

Mae Lucie yn cael 9/11 marc

Ateb Ceri

a) Mae bacteria'n tyfu'n dda ar y tymheredd hwn. ✗

SYLWADAU'R MARCIWR

Dylai Ceri gynnwys gosodiad sy'n cymharu, h.y. y byddai 37 °C yn arwain at dwf cyflymach na 25 °C.

b) $81 \times 10{,}000 = 810{,}000$ ✓

SYLWADAU'R MARCIWR

Dylai Ceri esbonio pam cafodd y plât a ddewiswyd ei ddefnyddio. Mae'n bosibl rhoi rhai marciau am y gwaith cyfrifo, ond anghofiodd Ceri mai dim ond 0.1 cm^3 a gafodd ei daenu, sy'n gwanedu'r daliant cychwynnol ddeg gwaith eto.

c) Dim ond yn erbyn bacteria Gram-positif mae penisilin yn gweithio a byddai hwnnw'n staenio'n borffor, nid yn goch. ✓

SYLWADAU'R MARCIWR

Mae angen i Ceri gynnwys pam dydy penisilin ddim yn effeithiol.

ch) Defnyddio pibed ddi-haint ✓ a thaenwr. ✓ Cadw'n agos at fflam Bunsen. ✓

Mae Ceri yn cael 5/11 marc

CYNGOR

Wrth wneud cyfrifiadau mathemategol, cofiwch ddangos eich gwaith cyfrifo oherwydd mae'n bosibl cael rhai marciau hyd yn oed ag ateb anghywir.

3.5 Maint poblogaeth ac ecosystemau

Crynodeb o'r testun

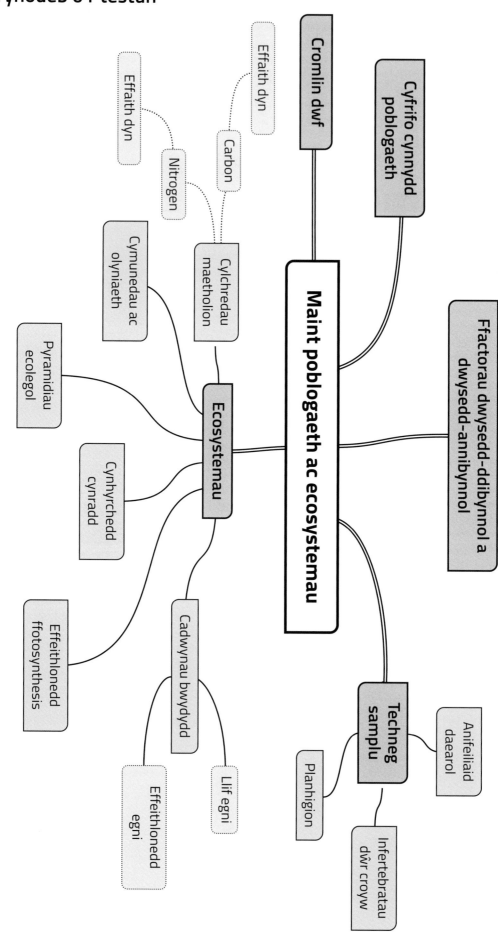

Cwestiynau ymarfer

C1 [M, AA1, AA2]

Mae'r graff isod yn dangos twf meithriniad bacteria dros 12 diwrnod:

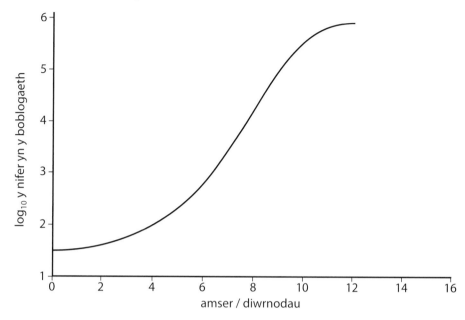

a) Ar y graff, labelwch y cyfnod digyfnewid. (1)

b) Ar ôl 12 diwrnod, mae'n cyrraedd y cynhwysedd cludo.

   i) Esboniwch beth yw ystyr cynhwysedd cludo. (1)

   ....

   ....

   ii) Ar y graff, lluniadwch y gromlin dwf y byddech chi'n ei disgwyl rhwng 12 ac 16 diwrnod. (1)

c) Cyfrifwch y gyfradd twf bob dydd rhwng diwrnodau 4 a 9. Dangoswch eich gwaith cyfrifo. (2)

   Ateb ....

ch) Gwahaniaethwch rhwng ffactorau dwysedd-ddibynnol a ffactorau dwysedd-annibynnol, gan roi enghraifft o bob un. (2)

   ....

   ....

   ....

C2

[AA, AA2]

Mae'r tabl isod yn dangos y cynhyrchiant cynradd net cymedrig mewn blwyddyn mewn gwahanol ecosystemau:

Ecosystem	Cynhyrchiant cynradd net cymedrig g m^{-2} blwyddyn^{-1}
Riff trofannol	2450
Coedwig law drofannol	2250
Morydau	1450
Coedwig gollddail dymherus	1250
Tir wedi'i drin	625
Twndra ac alpaidd	125
Diffeithdir	90

a) Diffiniwch ecosystem. (2)

....

....

....

b) Esboniwch pam dydy'r cynhyrchiant cynradd net ddim i gyd ar gael i'r lefel droffig nesaf. (1)

....

....

....

c) Esboniwch pam mae gwahaniaeth rhwng y cynhyrchiant cynradd net yn y goedwig law drofannol a'r goedwig gollddail. (3)

....

....

....

....

....

C3

[M, AA2, AA1]

Mae'r diagram canlynol yn dangos llif egni drwy ecosystem coetir nodweddiadol:

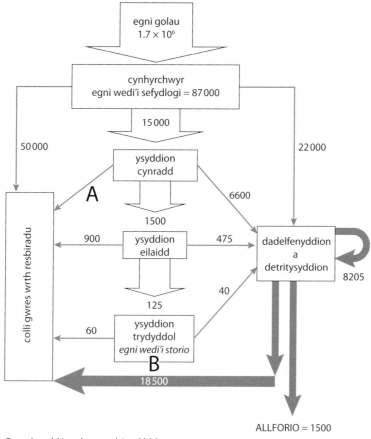

Gwerthoedd i gyd mewn kJ m⁻² bl⁻¹

a) Cyfrifwch effeithlonedd y cynhyrchwyr. Dangoswch eich gwaith cyfrifo. (2)

Ateb ....

b) Esboniwch pam mae ysyddion trydyddol yn llawer mwy effeithlon na chynhyrchwyr. (2)

c) Nodwch **dri** rheswm pam mai dim ond ffracsiwn o egni'r haul sy'n cael ei sefydlogi gan blanhigion. (2)

C4

[AA1]

Disgrifiwch sut gall cyfansoddiad cymuned newid dros amser, o graig noeth i goetir uchafbwynt, gan esbonio ffactorau a allai effeithio ar y broses. [9 AYE]

[M, AA2]

C5

Mae pysgod yn ysgarthu amonia fel gwastraff nitrogenaidd o ddadamineiddio'r gormodedd o asidau amino yn eu deietau. Mae lefelau uchel o amonia a nitraid yn wenwynig i bysgod. Wrth sefydlu pwll pysgod newydd ar gyfer carpiaid lliwgar (*Koi carp*) yn eich gardd, mae'n bwysig cyflwyno'r pysgod yn araf. Yr argymhelliad yw bod y dŵr yn cael ei brofi'n rheolaidd i ganfod lefelau ïonau amoniwm, nitraid a nitrad yn ystod y broses hon.

a) Mae crynodiad ïonau amoniwm, nitraid a nitrad yn cael ei fesur mewn pwll yn ystod y 30 diwrnod cyntaf ar ôl ei sefydlu. Mae'r canlyniadau i'w gweld isod:

Amser / diwrnodau	Crynodiad y nitrogen/ mg dm^{-3}		
	Ïonau amoniwm	Nitraid	Nitrad
0	0	0	0
3	4	0	0
6	7	1	0
9	3	7	1
12	1	10	4
15	1	8	9
18	1	4	16
21	1	1	12
24	1	1	8
27	0	0	6
30	0	0	4

Lluniadwch graff i ddangos sut mae crynodiad amoniwm, nitraid a nitrad yn newid. (5)

b) Awgrymwch resymau dros y newid yn yr ïonau amoniwm sydd i'w weld rhwng diwrnod 6 a 12. (3)

....

....

....

....

c) Disgrifiwch ac esboniwch y newid sydd i'w weld mewn lefelau nitraid rhwng diwrnod 6 a 21. (2)

....

....

....

....

ch) Pryd cafodd planhigion dyfrol eu cyflwyno? Esboniwch eich ateb. (3)

....

....

....

....

[AA2]

C6 Mae'r diagram isod yn dangos rhan o'r gylchred garbon:

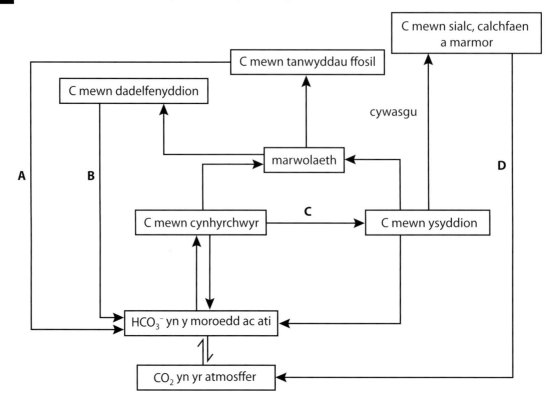

a) Enwch brosesau A, B, C a D. (3)

A = ...

B = ...

C = ...

D = ...

b) Esboniwch sut mae carbon deuocsid yn cael ei storio yng nghreigiau'r cefnfor. (3)

....

....

....

....

....

....

Dadansoddi cwestiynau ac atebion enghreifftiol

C&A 1

[M, AA1]

Mae'r diagram yn dangos llif egni drwy ecosystem mewn coetir. Yr effeithlonedd ffotosynthetig y flwyddyn yw cyfran yr egni golau sydd ar gael i blanhigion sy'n cael ei drawsnewid (sefydlogi) yn egni cemegol.

a) Defnyddiwch y wybodaeth sydd wedi'i rhoi i gyfrifo effeithlonedd ffotosynthetig y cynhyrchwyr wedi'i fynegi fel canran i 2 le degol. (2)

b) Cyfrifwch yr egni sy'n cael ei golli o ysyddion cynradd i ddadelfenyddion a detritysyddion (A) y diwrnod, i 2 le degol. (2)

c) Gwahaniaethwch rhwng cynhyrchedd cynradd crynswth a net. (2)

ch) Cyfrifwch ac esboniwch pam mae ysyddion trydyddol yn llawer mwy effeithlon nag ysyddion cynradd ac eilaidd. (3)

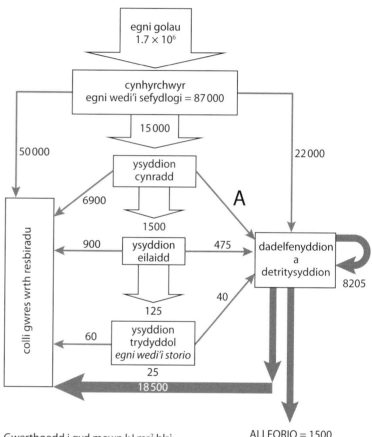

Gwerthoedd i gyd mewn kJ m⁻² bl⁻¹

Uned 3: Egni, Homeostasis a'r Amgylchedd

Ateb Lucie

a) $\dfrac{87,000}{1,700,000} \times 100$ ✓ $= 5.12\%$. ✓

b) $15,000 - 6900 - 1500 = 6,600$ ✓

$\dfrac{6,600}{365} = 18.08$ kJ m⁻² diwrnod⁻¹. ✓

c) Mae CCC yn cynrychioli'r gyfradd y mae cynhyrchwyr yn trawsnewid egni golau yn egni cemegol ✓ ond mae CCN yn cynrychioli cyfradd trawsnewid egni yn fiomas sydd ar gael i'r lefel droffig nesaf. ✓

ch) Mae effeithlonedd ysyddion cynradd yn 10%, ac mae ysyddion eilaidd yn 8.3%, sy'n llawer is nag ysyddion trydyddol sy'n 20%. ✓ Mae hyn oherwydd bod ysyddion trydyddol yn fwy effeithlon yn treulio eu bwyd sy'n cynnwys llawer o brotein. ✓

SYLWADAU'R MARCIWR

Mae hefyd oherwydd y ffaith mai ychydig iawn o egni sydd ar ôl ym mhen uchaf y gadwyn fwyd.

Mae Lucie yn cael 8/9 marc

Ateb Ceri

a) $\dfrac{87,000}{1,700,000} \times 100$ ✓ $= 5.11\%$. ✗

SYLWADAU'R MARCIWR

Mae Ceri wedi anghofio talgrynnu i 2 le degol, felly dim ond 1 marc sy'n cael ei roi am y dull.

b) $15,000 - 6900 - 1500 = 6,600$ ✓

SYLWADAU'R MARCIWR

Cyfrifiad cywir ar gyfer blwyddyn, ond mae angen ei rannu â 365 i gyfrifo ar gyfer diwrnod, a chynnwys unedau.

c) $CCC = CCN - R$ ✗

SYLWADAU'R MARCIWR

Hwn yw'r hafaliad cywir, ond dylid cynnwys cymhariaeth rhwng y ddau derm.

ch) Mae ysyddion trydyddol ddwywaith mor effeithlon ag ysyddion eraill ✓ oherwydd eu bod nhw'n treulio bwyd yn fwy effeithlon.

SYLWADAU'R MARCIWR

Mae angen i Ceri ddweud pam, h.y. mai ychydig iawn o egni sydd ar ôl ym mhen uchaf y gadwyn fwyd ac felly bod rhaid iddynt fod yn fwy effeithlon wrth dreulio eu deietau sy'n cynnwys llawer o brotein.

Mae Ceri yn cael 3/9 marc

CYNGOR

Mae darllen y cwestiwn yn ofalus yn bwysig. Gwnewch yn siŵr eich bod chi'n dilyn yr holl gamau mewn unrhyw gyfrifiad.

3.6 Effaith dyn ar yr amgylchedd

Crynodeb o'r testun

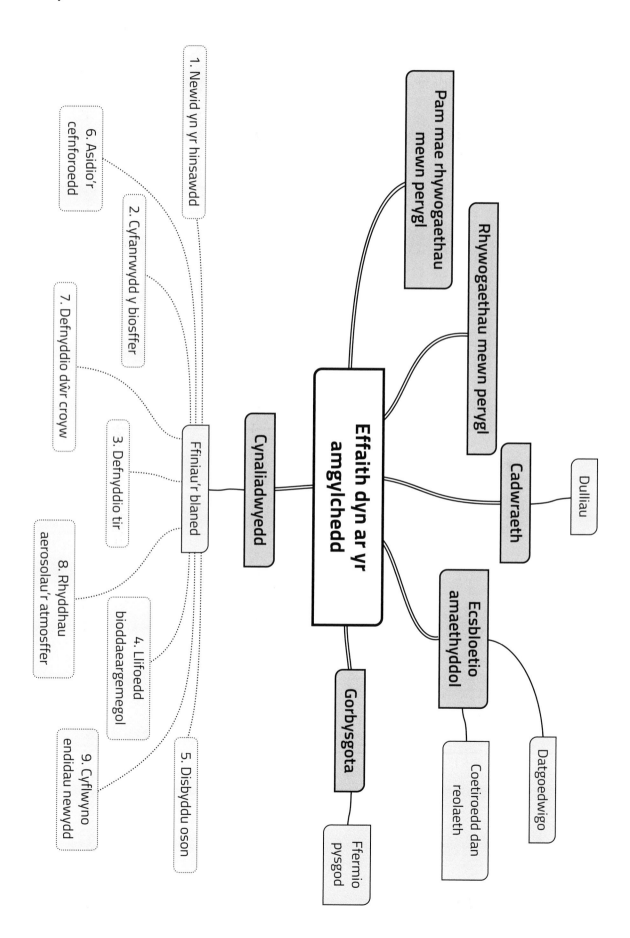

Uned 3: Egni, Homeostasis a'r Amgylchedd

Effaith dyn ar yr amgylchedd

Pam mae rhywogaethau mewn perygl

Rhywogaethau mewn perygl

Cadwraeth

Dulliau

Ecsbloetio amaethyddol

Coetiroedd dan reolaeth

Datgoedwigo

Gorbysgota

Ffermio pysgod

Cynaliadwyedd

Ffiniau'r blaned

1. Newid yn yr hinsawdd

2. Cyfanrwydd y biosffer

3. Defnyddio tir

4. Llifoedd bioddaeargemegol

5. Disbyddu oson

6. Asidio'r cefnforoedd

7. Defnyddio dŵr croyw

8. Rhyddhau aerosolau'r atmosffer

9. Cyflwyno endidau newydd

Cwestiynau ymarfer

[AA1, AA2]

Mae orangwtan Borneo (*Pongo pygmaeus*) nawr mewn perygl critigol. Dim ond ar ynys Borneo mae orangwtaniaid Borneo yn byw, ac mae eu poblogaethau wedi gostwng 60% ers 1950. Mae'r mapiau'n dangos gorchudd coedwigoedd yn Borneo ers 1950, ac mae'r graffiau'n dangos niferoedd yr orangwtan a chynhyrchu olew palmwydd dros gyfnod tebyg.

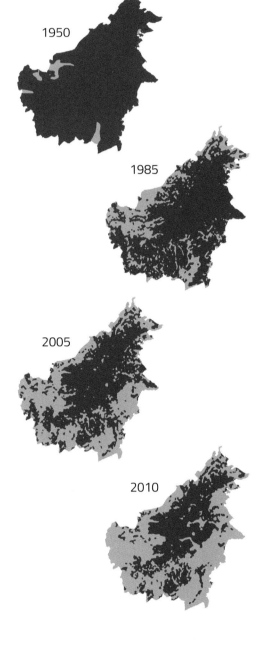

1950

1985

2005

2010

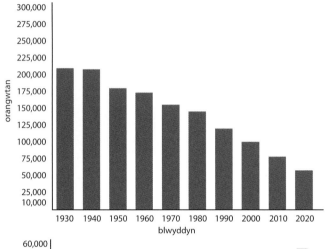

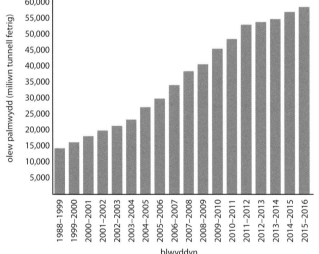

Gan ddefnyddio'r wybodaeth hon a'r hyn rydych chi'n ei wybod, esboniwch y ffactorau sy'n achosi'r gostyngiad yn niferoedd yr orangwtan yn Borneo, a strategaethau y gellid eu defnyddio i wrthdroi'r gostyngiad. [9 AYE]

[AA1, AA2]

C2

Mae naw proses system y Ddaear a'u ffiniau wedi cael eu pennu i nodi beth sy'n ddiogel i'r blaned. Mae defnyddio biodanwyddau wedi lleihau'r allyriadau carbon net sy'n cael eu rhyddhau i'r atmosffer.

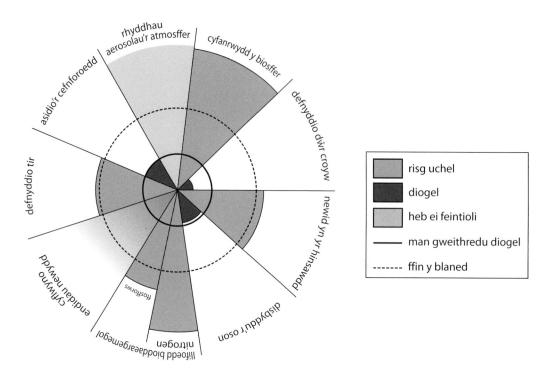

a) Esboniwch pam mae biodanwyddau'n lleihau allyriadau carbon er nad ydyn nhw'n hollol garbon-niwtral. (2)

b) Esboniwch sut mae'r newid hwn wedi effeithio ar ffiniau eraill y blaned. (2)

c) Mewn blynyddoedd i ddod, mae newid hinsawdd yn debygol o effeithio ar faint o ddŵr croyw sydd ar gael. Disgrifiwch **dair** ffordd y gallwn ni gynyddu'r dŵr croyw sydd ar gael. (2)

Dadansoddi cwestiynau ac atebion enghreifftiol

C&A 1

[a = AA1/AA2, b = M, c ac ch = AA2]

Mae'r graff canlynol yn dangos lefelau carbon deuocsid yn yr atmosffer hyd at y flwyddyn 2000:

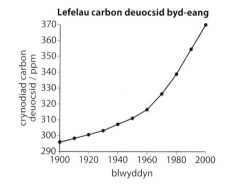

Lefelau carbon deuocsid byd-eang

Mae gwyddonwyr wedi penderfynu mai ffin y blaned ar gyfer newid yn yr hinsawdd, yn seiliedig ar y carbon deuocsid yn yr atmosffer, yw 350 ppm.

a) Beth yw ystyr y term ffin y blaned? Defnyddiwch y wybodaeth yn y graff i esbonio pam rydyn ni wedi croesi'r ffin newid yn yr hinsawdd. (3)

b) Cyfrifwch gyfradd gyfartalog y cynnydd yn y carbon deuocsid yn yr atmosffer rhwng 1920 a 2000, a defnyddiwch hon i amcangyfrif crynodiad carbon deuocsid yn yr atmosffer yn 2030. (3)

c) Esboniwch pam mae'r gwerth rydych chi wedi'i gyfrifo yn rhan b) yn debygol o fod yn anghywir, a sut gallech chi roi cyfrifiad mwy cywir. (3)

ch) Rydyn ni'n defnyddio mwy a mwy o fiodanwyddau i geisio lleihau allyriadau carbon gan ein bod ni'n ystyried eu bod nhw'n garbon-niwtral. Esboniwch pam dydy biodanwyddau fel bioethanol sy'n cael eu cynhyrchu o gansenni siwgr ddim wir yn garbon-niwtral a pham maen nhw'n effeithio ar ffiniau eraill y blaned. (3)

Ateb Lucie

a) *Fframwaith sydd wedi'i gynnig gan wyddonwyr amgylcheddol i nodi beth sy'n ddiogel i ddynoliaeth fel rhagamod ar gyfer datblygu cynaliadwy.* ✓

Croeswyd y ffin ar gyfer newid yn yr hinsawdd, yn seiliedig ar y carbon deuocsid yn yr atmosffer, ar ddiwedd yr 1980au. ✓

SYLWADAU'R MARCIWR
Gallai Lucie fod wedi ehangu ar ei hateb i gynnwys y rhesymau, e.e. hylosgi mwy o danwyddau ffosil, datgoedwigo, amaethyddiaeth fecanyddol, defnyddio gwrteithiau.

b) *370 − 300 = 70 ppm* ✓

$$\frac{70}{80} = 0.875 \text{ ppm bl}^{-1}$$ ✓

0.875 × 30 = 26.3 ✓

26.3 + 370 = 396.3 ppm. ✓

c) *Mae'r crynodiad CO_2 yn 2015 yn fwy na hyn.* ✓ *Rydw i wedi cyfrifo'r gyfradd gan ddefnyddio cyfradd cynnydd gyfartalog rhwng 1920 a 2000, ond cododd cyfradd cynnydd y CO_2 yn yr 1960au felly bydd fy ngwerth i yn is.* ✓ *Byddai'n well cyfrifo'r gyfradd o 1980–2000 a defnyddio hon.* ✓

ch) *Rydyn ni'n defnyddio egni i'w cynhyrchu, eu prosesu a'u dosbarthu nhw.* ✓ *Mae newid defnydd tir i dyfu cansenni siwgr yn golygu colli rhywogaethau, sy'n effeithio mwy ar y ffin cyfanrwydd y biosffer.* ✓

SYLWADAU'R MARCIWR
Mae hefyd yn effeithio ar y ffin defnyddio tir.

Mae Lucie yn cael 10/12 marc

Ateb Ceri

a) Maen nhw'n cael eu cynnig gan wyddonwyr i nodi beth sy'n ddiogel i'r blaned.

> **SYLWADAU'R MARCIWR**
> Dylai Ceri gynnwys cyfeiriad at gynaliadwyedd.

Mae lefel y carbon deuocsid yn yr atmosffer ar hyn o bryd yn uwch na 350 ppm. ✗

> **SYLWADAU'R MARCIWR**
> Dylai gynnwys gwybodaeth o'r graff, e.e. mai 370 oedd y gwerth yn y flwyddyn 2000, neu ein bod ni wedi mynd dros 350 ppm ar ddiwedd yr 1980au.

b) 385 ppm. ✗

> **SYLWADAU'R MARCIWR**
> Mae'n edrych fel bod Ceri wedi cyfrifo'r cynnydd yn anghywir drwy ddarllen y graff yn anghywir. Er bod Ceri wedi adio 15 ppm at 370 ppm, heb unrhyw waith cyfrifo dydy hi ddim yn bosibl rhoi unrhyw farciau am hyn.

c) Mae'r crynodiad CO_2 yn 2015 yn 400 ppm, sydd yn fwy na hyn yn barod. ✓

> **SYLWADAU'R MARCIWR**
> Mae angen i Ceri esbonio beth allai fod wedi achosi'r cyfrifo anghywir, h.y. bod cyfradd y cynnydd wedi newid yn ystod y cyfnod, neu sut byddai modd ei wella.

ch) Mae angen egni i wneud y biodanwyddau a'u cludo nhw ✓

> **SYLWADAU'R MARCIWR**
> Mae hyn yn gywir ond dydy Ceri ddim yn dweud pa rai o ffiniau'r blaned mae hyn yn effeithio arnyn nhw.

Mae datgoedwigo ardal i dyfu cansenni siwgr yn golygu colli llawer o rywogaethau gwerthfawr

Mae Ceri yn cael 2/12 marc

CYNGOR
Dysgwch eich diffiniadau! Mae'n bwysig dangos gwaith cyfrifo mewn unrhyw gyfrifiadau er mwyn gallu rhoi marciau am y dull. Mae dod o hyd i wallau yn sgil anodd, felly chwiliwch yn ofalus am unrhyw beth sy'n eich taro'n anghyson a cheisiwch sylwi ar unrhyw dybiaethau sydd wedi'u gwneud.

[AA1]

C&A 2 Esboniwch bwysigrwydd gwahanol weithgareddau ffermio sy'n cael eu defnyddio i gynhyrchu bwyd mewn modd mor effeithlon â phosibl, a sut mae eu defnyddio nhw yn effeithio ar ffiniau'r blaned. (9 AYE)

Ateb Lucie

Mae angen i ffermwyr sicrhau bod planhigion yn tyfu cystal â phosibl er mwyn cynhyrchu cymaint â phosibl o fwyd. Mae angen ffynhonnell nitrogen ar blanhigion i syntheseiddio proteinau y mae eu hangen i dyfu ac i wneud ensymau a hormonau. Mae cyfraddau twf yn uwch mewn priddoedd sy'n cael cyflenwad nitrogen da. ✓ Fel arfer, mae planhigion yn cael nitrogen o'r pridd ar ffurf nitradau. Yn y pridd, mae bacteria yn ailgylchu nitrogen drwy'r gylchred nitrogen. Mae aredig a draenio'n bwysig oherwydd maen nhw'n awyru'r pridd. Mae hyn yn bwysig oherwydd mae angen ocsigen ar gyfer cludiant actif ïonau mwynol, gan gynnwys nitradau, i mewn i wreiddiau'r planhigion. ✓

Mae hyn hefyd o gymorth i nitreiddiad, proses lle mae bacteria Nitrosomonas yn trawsnewid ïonau amoniwm yn nitreidiau, ac mae bacteria Nitrobacter yn trawsnewid nitreidiau yn nitradau. ✓ Mae'r ddau facteria hyn yn resbiradu'n aerobig ac felly mae angen ocsigen arnyn nhw i wneud hyn. Mae'r dadnitreiddio, sy'n cael ei gyflawni yn y pridd gan facteria Pseudomonas i drawsnewid nitradau yn ôl yn nitrogen atmosfferig, yn broses anaerobig, felly mae'n cael ei hatal mewn priddoedd sydd wedi'u hawyru'n dda. Os oes diffyg nitrogen mewn pridd, mae ffermwyr yn gallu plannu planhigion codlysol fel pys a meillion. ✓ Mae gan y planhigion hyn wreiddgnepynnau sy'n cynnwys Rhizobium, bacteria sefydlogi nitrogen sy'n gallu cynyddu lefel y nitrogen yn y pridd wrth gael eu haredig yn ôl i mewn i'r pridd.

Mae ffermwyr hefyd yn gallu defnyddio gwrteithiau seiliedig ar nitrogen fel amoniwm nitrad, sy'n cael ei gynhyrchu gan broses Haber. ✓ Mae angen llawer o egni o danwyddau ffosil i wneud y rhain, sy'n achosi llygredd yn yr atmosffer ar ffurf carbon deuocsid, sy'n nwy tŷ gwydr. Mae gweithgareddau fel aredig yn golygu defnyddio peiriannau, sydd hefyd yn achosi llygredd carbon deuocsid. Mae'r gweithgareddau hyn wedi arwain at gynnydd mewn allyriadau carbon deuocsid, sydd wedi golygu ein bod ni wedi croesi ffin y blaned ar gyfer newid yn yr hinsawdd. ✓

Mae ffermio a thynnu gwrychoedd i wneud lle i beiriannau mwy a mwy wedi arwain at ddifodiant rhywogaethau, oherwydd bod cynefinoedd fel gwrychoedd wedi cael eu colli. O ganlyniad i'r gweithgaredd hwn, a cholli cynefinoedd eraill, rydyn ni wedi mynd dros y ffin cyfanrwydd y biosffer. ✓ Rydyn ni wedi tynnu gormod o nitrogen o'r atmosffer yn ystod y broses Haber, ac o ganlyniad i hyn, rydyn ni wedi croesi'r ffin fioddaeargemegol ar gyfer nitrogen. ✓

SYLWADAU PELLACH

Mae Lucie yn rhoi disgrifiad llawn a manwl o'r gwahanol weithgareddau ffermio a sut maen nhw'n dylanwadu ar y gylchred nitrogen. Mae hi wedi trafod yr effaith ar dri o ffiniau'r blaned. Mae'r ateb yn glir ac yn dangos rhesymu dilyniannol. Does dim byd pwysig wedi'i adael allan.

Mae Lucie yn cael 8/9 marc

SYLWADAU'R MARCIWR

Gallai Lucie fod wedi sôn am ddefnyddio tail a'i ddadelfennu drwy broses amoneiddio i gynyddu cynnwys nitrogen.

SYLWADAU'R MARCIWR

Gallai Lucie fod wedi cynnwys diffiniad o beth yw ystyr ffiniau'r blaned. Byddai hyn yn rhoi cyd-destun ar gyfer arwyddocâd croesi'r ffiniau.

Ateb Ceri

Mae angen nitrogen ar blanhigion i dyfu. Mae ei angen i gynhyrchu proteinau.

SYLWADAU'R MARCIWR

Mae angen i Ceri esbonio'n fanylach pam mae angen proteinau, e.e. i syntheseiddio ensymau.

Mae planhigion yn cael nitrogen o'r pridd ar ffurf nitradau. Gall ffermwyr wneud llawer i helpu i gynyddu faint o nitrogen sydd yn y pridd fel bod cnydau'n tyfu'n well, er enghraifft, gallan nhw ychwanegu gwrteithiau a thail. ✓ Mae bacteria yn y pridd sy'n helpu i ddadelfennu gwastraff organig i ffurfio nitradau mewn proses o'r enw nitreiddiad, e.e. Nitrosomonas a Nitrobacter.

SYLWADAU'R MARCIWR

Dydy hyn ddim yn ddigon manwl. Dydy'r ateb ddim yn esbonio bod bacteria *Nitrosomonas* yn trawsnewid ïonau amoniwm yn nitreidiau, a bod bacteria *Nitrobacter* yn trawsnewid nitreidiau yn nitradau.

Mae aredig hefyd yn helpu oherwydd mae'n cymysgu tail drwy'r pridd, sy'n gwella ansawdd y pridd ac yn gwella ocsigeniad y pridd.

SYLWADAU'R MARCIWR

Does dim sôn am ddraenio, na pham mae mwy o ocsigenu'n gwella'r nitrogen yn y pridd, h.y. bod nitreiddiad yn broses aerobig a bod angen ocsigen ar gyfer cludiant actif er mwyn i wreiddiau allu cael nitradau. Does dim sôn am ddefnyddio planhigion codlysol a sefydlogi nitrogen.

Mae pridd sy'n cynnwys llawer o ocsigen hefyd yn atal dadnitreiddiad, proses lle mae nitradau'n cael eu trawsnewid yn ôl yn nitrogen atmosfferig gan facteria o'r enw Pseudomonas denitrificans. ✓ Mae gorddefnyddio gwrteithiau anorganig wedi effeithio ar nifer o ffiniau'r blaned, e.e. rydyn ni wedi croesi'r ffin llifoedd bioddaeargemegol ar gyfer nitrogen. ✓

SYLWADAU'R MARCIWR

Does dim sôn am groesi'r ffin newid yn yr hinsawdd na pham.

Mae dulliau ffermio ungnwd hefyd wedi effeithio ar y ffin cyfanrwydd y biosffer.

SYLWADAU'R MARCIWR

Does dim manylion am sut a pham rydyn ni wedi croesi'r ffin cyfanrwydd y biosffer, e.e. oherwydd colli cynefinoedd drwy dorri gwrychoedd.

SYLWADAU PELLACH

Mae Ceri yn rhoi disgrifiad cyfyngedig o'r gwahanol weithgareddau ffermio a sut maen nhw'n dylanwadu ar ffrwythlondeb pridd. Mae hi wedi trafod dwy o ffiniau'r blaned, ond dydy hi ddim yn sôn am yr effaith ar y ffin llifoedd bioddaeargemegol. Mae Ceri yn gwneud rhai pwyntiau perthnasol, ac yn rhoi enwau cywir tair rhywogaeth bacteria sy'n ymwneud â'r gylchred nitrogen, ond gallai hi fod wedi disgrifio nitreiddiad yn gliriach. Defnydd cyfyngedig sy'n cael ei wneud o eirfa wyddonol.

Mae Ceri yn cael 3/9 marc

CYNGOR

Cofiwch, nid un marc am bob pwynt, ond beth rydych chi'n ei ddweud a sut rydych chi'n dweud hynny sy'n bwysig. Rhaid i'ch atebion gynnwys y wybodaeth allweddol i gyd, a'r holl dermau gwyddonol allweddol, i gael marciau llawn. Byddwch yn ofalus wrth sillafu hefyd!

3.7 Homeostasis a'r aren

Crynodeb o'r testun

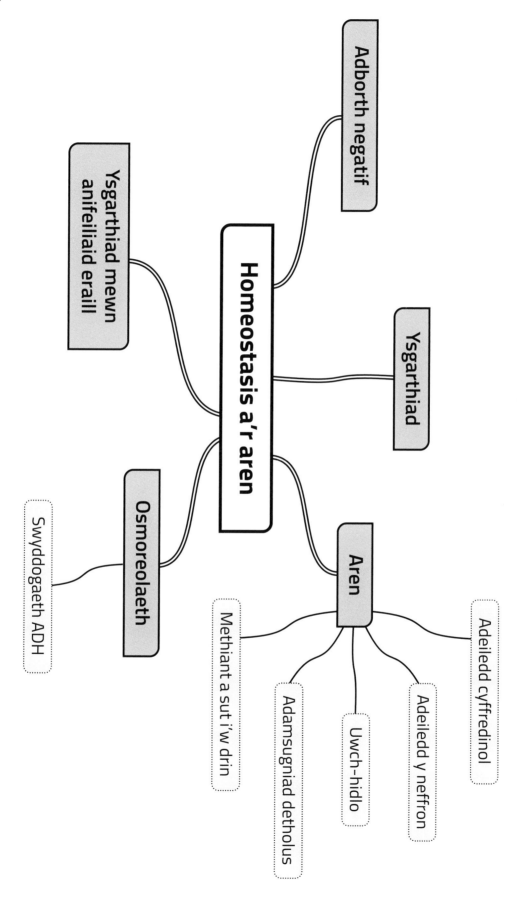

Homeostasis a'r aren

- Adborth negatif
- Ysgarthiad
- Aren
  - Methiant a sut i'w drin
  - Adamsugniad detholus
  - Uwch-hidlo
  - Adeiledd y neffron
  - Adeiledd cyffredinol
- Osmoreolaeth
  - Swyddogaeth ADH
- Ysgarthiad mewn anifeiliaid eraill

Cwestiynau ymarfer

C1

[AA1, S]

Mae'r diagram canlynol yn dangos neffron mewn aren mamolyn:

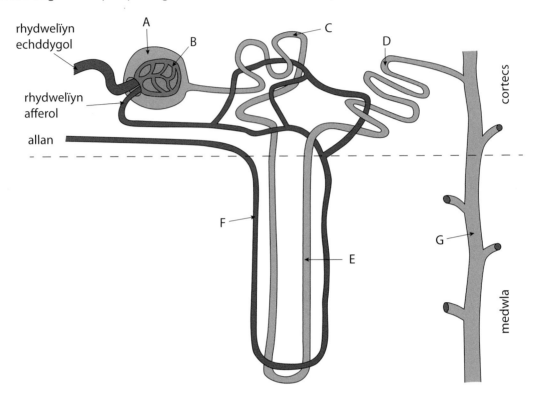

a) Cwblhewch y tabl isod; mae rhai wedi'u gwneud i chi. (7)

Llythyren	Enw	Swyddogaeth
A		
B		
C		
D		Rheoli pH y gwaed
E		
F	Vasa recta	
G		

b) Enwch y rhan o'r aren lle mae E, F a G i'w cael. (1)

....

c) Nodwch beth mae potensial dŵr yn ei olygu. Esboniwch sut mae rhan E yn effeithio ar botensial dŵr troeth. (6)

ch) Esboniwch pam mae rhan E yn hirach mewn anifeiliaid diffeithdir. (3)

d) Esboniwch sut mae ADH yn effeithio ar athreiddedd y ddwythell gasglu. (3)

[AA2, AA1]

C2 Mae'r ffotograff canlynol yn dangos delwedd microsgop golau chwyddhad uchel o doriad ardraws drwy ddarn o aren mamolyn:

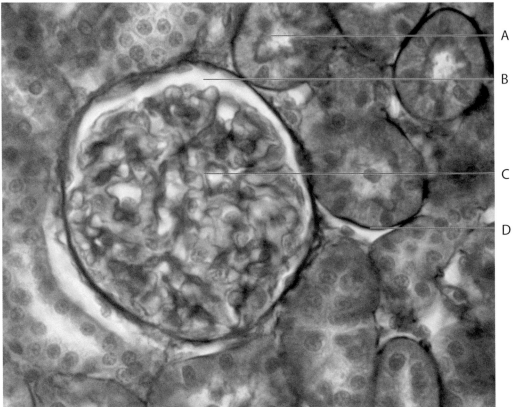

a) Enwch y **pedwar** adeiledd sydd wedi'u labelu'n A–D sydd i'w gweld yn y ffotograff. (3)

A ....

B ....

C ....

D ....

b) Enwch y rhan o'r aren y cafodd y sbesimen hwn ei gymryd ohoni. (1)

....

c) Nodwch swyddogaeth adeiledd A. Esboniwch **ddwy** nodwedd sy'n addasu adeiledd A ar gyfer ei swyddogaeth. (3)

Swyddogaeth ....

....

....

....

C3

[AA1, AA2, M]

Mae toriad drwy'r aren fel mae i'w weld o dan y microsgop golau i'w weld isod. Chwyddhad y ddelwedd yw ×400.

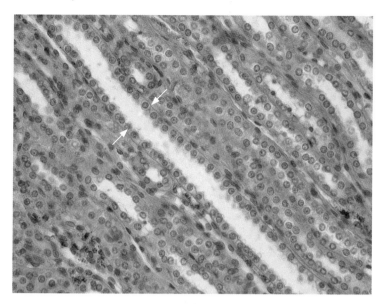

a) Enwch y rhan o'r aren y cafodd y sbesimen hwn ei gymryd ohoni, gan esbonio'r rheswm dros eich dewis. (2)

Rhan o'r aren...

Rheswm

....

....

....

b) Cyfrifwch led yr adeiledd sy'n cael ei dangos gan y ddwy saeth. Dangoswch eich gwaith cyfrifo. (2)

Ateb ....

c) Nodwch swyddogaeth y bilen sy'n leinio'r adeiledd sydd i'w gweld. Sut mae'r adeiledd wedi addasu i gyflawni ei swyddogaeth? (2)

....

....

....

C4

[AA1]

Disgrifiwch ac esboniwch sut mae'r gwahanol rannau o'r neffron wedi addasu i'w swyddogaethau. [9 AYE]

C5

[AA1]

Mae gwahanol organebau yn ysgarthu gwahanol ddefnyddiau nitrogenaidd. Ar ei ffurf symlaf mae amonia yn cael ei ysgarthu gan bysgod dŵr croyw, ond mae adar, pryfed ac ymlusgiaid yn defnyddio llawer o egni i drawsnewid amonia yn asid wrig.

a) Disgrifiwch sut caiff amonia ei gynhyrchu mewn pysgod. (2)

....

....

....

b) Esboniwch pam mae pysgod dŵr croyw yn gallu ysgarthu amonia, ond dydy mamolion ddim. (2)

....

....

....

c) Awgrymwch pam mae adar, ymlusgiaid a phryfed yn defnyddio llawer o egni i drawsnewid amonia yn asid wrig. (3)

....

....

....

....

....

C6 [AA1, AA2]

Gan ddefnyddio eich gwybodaeth am sut mae'r aren yn gweithio, atebwch y cwestiynau canlynol.

a) Mae gonadotroffin corionig dynol (hCG) yn hormon rydyn ni'n gallu ei ganfod yn nhroeth menywod beichiog. Awgrymwch pam mae hCG yn bresennol yn nhroeth menywod beichiog. (2)

b) Esboniwch pam mae glwcos yn gallu bod yn bresennol yn nhroeth cleifion diabetes, ond nid unigolion iach. (2)

c) Esboniwch pam mae crynodiad wrea yng nghwpan Bowman tua 0.35 g dm^{-3}, a'i fod yn codi i dros 6 g dm^{-3} yn y ddwythell gasglu. (2)

Dadansoddi cwestiynau ac atebion enghreifftiol

C&A 1 [a & b = AA1, c = AA2, ch = AA3]

Mae'r tabl isod yn dangos crynodiadau nodweddiadol dau hydoddyn (glwcos ac wrea) mewn tair gwahanol ran o neffron yr aren, sydd wedi'u labelu'n P, R ac S, yn y diagram isod.

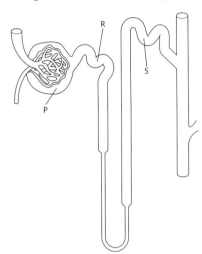

Hydoddyn	Crynodiad cymedrig / g dm^{-3}		
	Cwpan Bowman	Tiwbyn troellog procsimol	Tiwbyn troellog distal
Glwcos	0.12	0.00	0.00
Wrea	0.35	0.65	6.25
Ïonau sodiwm	0.28	0.24	0.02

a) Nodwch ble yn union byddech chi'n disgwyl gweld yr adeiledd sydd wedi'i labelu'n P mewn trawstoriad drwy'r aren. (1)

b) Esboniwch beth sy'n achosi'r newidiadau i grynodiad glwcos ac wrea. (5)

c) Awgrymwch pam mae cleifion diabetig yn gallu dioddef niwed i'r celloedd sy'n leinio'r tiwbyn troellog distal. (3)

ch) Mae gwyddonwyr wedi dod i'r casgliad bod y rhan fwyaf o ïonau sodiwm yn cael eu hadamsugno ar ôl y tiwbyn troellog procsimol. Esboniwch y dystiolaeth yn y data sy'n ategu'r casgliad hwn. (2)

Ateb Lucie

a) Yn y cortecs. ✓

b) Mae crynodiad cymedrig glwcos yn lleihau o 0.12 g dm^{-3} yn rhan P i 0.00 g dm^{-3} yn rhannau R ac S ✓ oherwydd mae glwcos yn cael ei adamsugno'n ddetholus i mewn i'r gwaed yn rhan R. ✓ Dydy wrea ddim yn cael ei adamsugno'n ddetholus yn y rhan hon, ond mae dŵr, ✓ felly mae crynodiad wrea'n cynyddu o 0.35 g dm^{-3} i 6.25 g dm^{-3} oherwydd bod yr un màs o wrea wedi'i hydoddi mewn cyfaint llai o ddŵr. ✓

SYLWADAU'R MARCIWR
Dylai Lucie fod wedi cynnwys manylion am fecanwaith adamsugno yma, h.y. mae glwcos yn cael ei adamsugno drwy gludiant actif eilaidd gydag ïonau sodiwm a dŵr drwy gyfrwng osmosis.

c) Bydd lefelau glwcos uchel yn y gwaed yn golygu na fydd y glwcos i gyd yn gallu cael ei adamsugno yn y tiwbyn troellog procsimol. ✓ Bydd y glwcos sy'n weddill yn gostwng potensial dŵr yr hidlif.

SYLWADAU'R MARCIWR
Does dim cyswllt wedi'i wneud â niwed i gelloedd. Gallai Lucie fod wedi cynnwys y ffaith y byddai potensial dŵr is yn achosi i'r celloedd sy'n leinio'r tiwbyn hicio (*crenate*).

ch) Mae crynodiad cymedrig yr ïonau sodiwm sy'n mynd i mewn i'r tiwbyn troellog procsimol rhwng 0.24 a 0.28 g dm^{-3}. ✓ Yn y tiwbyn troellog distal, mae'r crynodiad wedi gostwng i 0.02 g dm^{-3} sy'n dangos bod y rhan fwyaf wedi'i adamsugno. ✓

Mae Lucie yn cael 8/11 marc

Ateb Ceri

a) Cortecs. ✓

b) Mae glwcos yn cael ei adamsugno drwy gyd–gludiant ag ïonau sodiwm ✓ sy'n achosi i'w grynodiad leihau. ✓

> **SYLWADAU'R MARCIWR**
> Mae'n bwysig dyfynnu data wrth esbonio.

Dydy wrea ddim yn cael ei adamsugno yn rhannau R ac S ✓ a dyna pam mae ei grynodiad yn cynyddu. ✗

> **SYLWADAU'R MARCIWR**
> Mae'r rheswm sydd wedi'i roi yn anghywir: Mae dŵr yn cael ei adamsugno'n ddetholus drwy gyfrwng osmosis yn y tiwbyn troellog procsimol ac yn nolen Henle, felly mae'r un màs o wrea wedi'i hydoddi mewn cyfaint llai o ddŵr sy'n golygu bod ei grynodiad yn cynyddu.

c) Bydd glwcos yn dal i fod yn bresennol yn y tiwbyn troellog distal, a bydd hynny'n niweidio celloedd ✗

> **SYLWADAU'R MARCIWR**
> Dydy Ceri ddim wedi gwneud y cysylltiad rhwng glwcos yn gostwng potensial dŵr a cholli dŵr o gelloedd yn achosi iddyn nhw hicio.

ch) Mae crynodiad ïonau sodiwm yn gostwng rhwng y tiwbyn troellog procsimol a'r tiwbyn troellog distal, ond mae rhai ïonau'n aros. ✓

> **SYLWADAU'R MARCIWR**
> Dydy'r ateb ddim yn sôn am ddata, ond mae'n nodi bod rhai ïonau'n aros.

Mae Ceri yn cael 5/11 marc

CYNGOR

Esboniwch eich atebion yn llawn, a chofiwch ddyfynnu data i ategu eich ateb. Mae hon yn enghraifft dda o le mae gwybodaeth am osmosis o UG yn uniongyrchol berthnasol i U2, a bydd arholwyr yn aml yn dewis profi'r maes hwn.

3.8 Y system nerfol

Crynodeb o'r testun

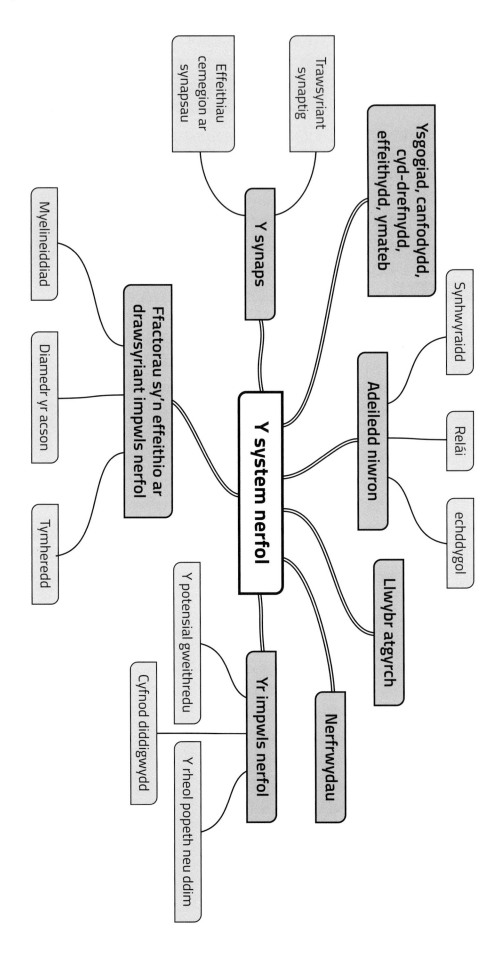

Cwestiynau ymarfer

[AA2, AA1, S]

Mae'r lluniad isod yn dangos niwron mamolyn.

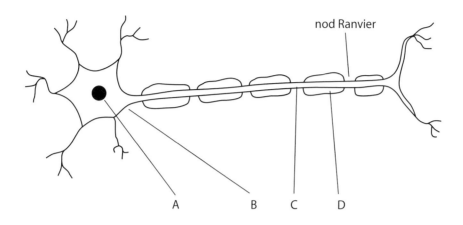

a) Enwch y math o niwron sydd i'w weld. (1)

b) Tynnwch saeth i ddangos cyfeiriad yr impwls. (1)

c) Enwch rannau A–D sydd wedi'u labelu. (3)

A ....

B ....

C ....

D ....

ch) Esboniwch **ddwy** ffactor sy'n cynyddu buanedd dargludo impylsau yn y niwron hwn. (2)

[AA2, AA1]

C2 Mae'r potensial gweithredu mewn niwron echddygol yn cael ei fesur drwy fewnosod microelectrod yn yr acson ac electrod cyfeirio (*reference*) yn yr hylif allgellol y tu allan i'r acson. Mae'r foltedd sy'n cael ei fesur ar draws yr acson wrth i impwls basio i'w weld isod:

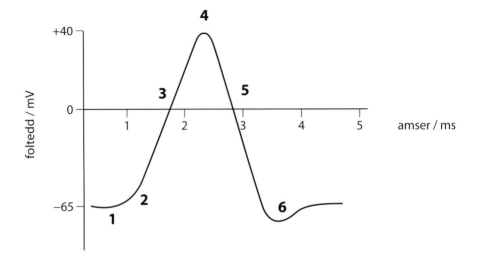

a) Enwch y cyflwr sy'n bodoli ym mhwynt 1. (1)

....

b) Disgrifiwch y digwyddiadau sy'n digwydd i gynnal y cyflwr ym mhwynt 1. (3)

....

....

....

....

c) Marciwch y cyfnod diddigwydd cymharol ar y graff uchod. (1)

ch) Ar y graff, tynnwch saeth i ddangos cyfeiriad yr impwls. (1)

d) Gwahaniaethwch rhwng cyfnodau diddigwydd absoliwt a chymharol. (2)

....

....

....

....

dd) Disgrifiwch y pethau sy'n digwydd i achosi'r newid foltedd sydd i'w weld rhwng pwyntiau 1 a 4 ar y graff. (5)

[AA1, AA2, AA3]

C3 Mae'r diagram isod yn dangos synaps:

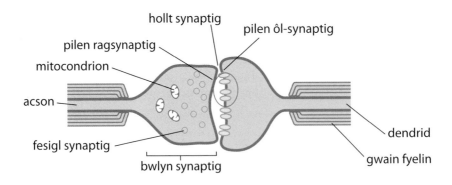

a) Esboniwch swyddogaeth ïonau calsiwm yng ngwaith y synaps. (3)

....

....

....

....

....

b) Mae arbrawf yn cael ei gynnal i fesur effeithiau amffetaminau ar drawsyriant synaptig. Mae dosiau 0, 1 a 4 mg/kg o fethamffetamin sylffad yn cael eu rhoi i lygod labordy ac mae crynodiad asetylcolin synaptig yn cael ei fesur dros gyfnod o dair awr. Mae'r graff isod yn dangos y canlyniadau. Defnyddiwch y wybodaeth sydd wedi'i rhoi, a'ch gwybodaeth eich hun, i ateb y cwestiynau canlynol.

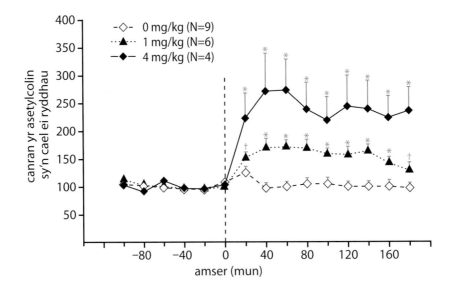

i) Awgrymwch i ba grŵp o gyffuriau y mae methamffetamin yn perthyn. Esboniwch eich ateb. (3)

Grŵp ....

Rheswm

....

....

....

ii) Faint o hyder sydd gennych chi yn y canlyniadau sydd i'w gweld? (3)

....

....

....

....

....

c) Mae'r arbrawf yn cael ei ailadrodd â 0, 0.1 a 0.4 mg/kg o nicotin, ac mae'r canlyniadau i'w gweld isod:

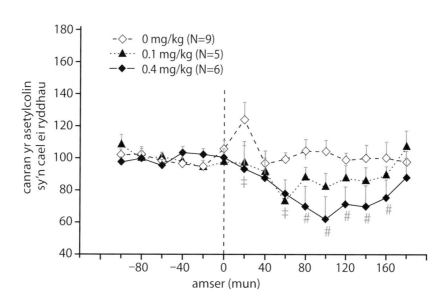

Mae nicotin yn dynwared effeithiau asetylcolin mewn mamolion. Gan ddefnyddio'r canlyniadau, esboniwch pam mae pobl yn gallu mynd yn gaeth i nicotin. (2)

....

....

....

....

C4

[AA1]

Disgrifiwch drawsyriant synaptig ac esboniwch effaith pryfleiddiaid organoffosfforws ar synapsau. [9 AYE]

[AA2, AA1]

C5 Mae'r diagram isod yn dangos llwybr atgyrch:

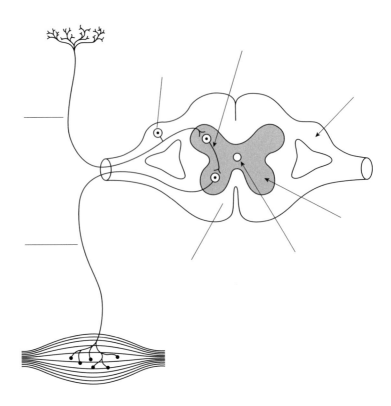

a) Ar y diagram, labelwch yr adeileddau canlynol. (4)

   i) Niwron relái

   ii) Ganglion gwreiddyn dorsal

   iii) Gwynnin

   iv) Niwron echddygol

   v) Cellgorff

   ....

b) Disgrifiwch y llwybrau nerfol sy'n ymwneud â'r ymateb atgyrch sy'n digwydd pan fydd eich llaw'n cyffwrdd ag arwyneb poeth. (5)

   ....
   ....
   ....
   ....
   ....
   ....

Dadansoddi cwestiynau ac atebion enghreifftiol

C&A 1

[AA2]

Mae clefyd Parkinson yn gyflwr niwrolegol cynyddol sy'n digwydd o ganlyniad i farwolaeth celloedd yr ymennydd sy'n cynhyrchu dopamin, y niwrodrawsyrrydd sy'n ymwneud â llwybrau rheoli echddygol yn yr ymennydd. Dydy cleifion ddim yn gallu rheoli symudiadau echddygol manwl fel cerdded. Mae'r driniaeth yn cynnwys defnyddio L-dopa, cyffur synthetig sy'n cael ei drawsnewid yn ddopamin yn yr ymennydd.

L-dopa

Dopamin

Awgrymwch sut mae L-dopa yn trin dioddefwyr clefyd Parkinson. (3)

Ateb Lucie

Niwrodrawsyrrydd yw dopamin sy'n ymwneud â synapsau yn yr ymennydd sy'n gyfrifol am reolaeth echddygol fanwl. Oherwydd bod llai o niwrodrawsyrrydd yn cael ei ryddhau, bydd llai o niwronau ôl-synaptig yn cael eu dadbolareiddio, fydd yn golygu bod llai o ffibrau cyhyrau'n cyfangu a fydd yn ei gwneud hi'n anodd cerdded. ✓ Mae L-dopa yn cael ei ddadgarbocsyleiddio ✓ i ffurfio dopamin mewn adwaith un cam yn yr ymennydd, sy'n cyflenwi dopamin yn gyflym i'r ardaloedd mae'r clefyd yn effeithio arnynt. Mae'r cynnydd yn y niwrodrawsyrrydd yn golygu bod modd dadbolareiddio mwy o niwronau ôl-synaptig, felly mae mwy o ffibrau cyhyrau'n cyfangu, ac mae hi'n haws cerdded. ✓

Mae Lucie yn cael 3/3 marc

Ateb Ceri

Dydy pobl sy'n dioddef o glefyd Parkinson ddim yn cynhyrchu digon o ddopamin oherwydd mae'r celloedd ymennydd sy'n ei gynhyrchu wedi marw. Mae hyn yn arwain at reolaeth echddygol wael oherwydd bydd llai o niwronau echddygol yn cael eu dadbolareiddio. ✓

SYLWADAU'R MARCIWR

Angen cysylltu hyn â chyfangiadau cyhyrau – bydd llai o ffibrau cyhyrau'n cyfangu.

Mae L-dopa yn gweithio fel rhagsylweddyn i ddopamin ac mae'n cael ei drawsnewid yn rhwydd yn ddopamin yn yr ymennydd.

SYLWADAU'R MARCIWR

Dylai Ceri ddefnyddio'r wybodaeth yn y diagram, h.y. colli carbon deuocsid, sef dadgarbocsyleiddiad.

Mae'r lefelau dopamin uwch yn golygu bod pethau'n gweithio eto, sy'n caniatáu i fwy o niwronau echddygol gael eu dadbolareiddio, sy'n gwneud cerdded yn haws. ✓

Mae Ceri yn cael 2/3 marc

CYNGOR

Yma, mae'n bwysig defnyddio'r wybodaeth yn y diagramau a gwneud y cysylltiad bod dadgarbocsyleiddio, h.y. cael gwared â CO_2, yn cynhyrchu dopamin.

[AA1, AA2]

C&A 2 Mae'r diagram isod yn dangos toriad drwy niwron echddygol:

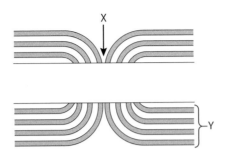

a)   Enwch X ac Y. (1)

b)   Mewn dioddefwyr sglerosis gwasgaredig, mae'r got fyelin amddiffynnol o gwmpas ffibrau nerf yn cael ei dinistrio mewn proses o'r enw dadfyelineiddio. Defnyddiwch yr hyn rydych chi'n ei wybod am drawsyriant impylsau nerfol i esbonio pam mae hyn yn amharu ar atgyrchau. (3)

Ateb Lucie

a) X = nod Ranvier
Y = gwain fyelin ✓

b) Mae colli myelin yn arafu trawsyriant impylsau nerfol oherwydd, erbyn hyn, nid dim ond yn nodau Ranvier lle does dim myelin mae ïonau'n gallu croesi'r bilen. ✓ Felly nid dim ond yn y nodau hyn mae dadbolareiddio'n digwydd, mae'n digwydd ar hyd y niwron i gyd. ✓ Dydy'r impwls ddim yn neidio o nod i nod mwyach. ✗

SYLWADAU'R MARCIWR
Y potensial gweithredu sy'n 'neidio' o nod i nod, nid yr impwls.

Mae Lucie yn cael 3/4 marc

Ateb Ceri

a) X= acson ✗

Y = gwain fyelin

SYLWADAU'R MARCIWR
Mae Y yn gywir ond mae angen X ac Y ar gyfer y marc.

b) Mae colli'r wain fyelin yn arafu trawsyriant impylsau oherwydd bod dadbolareiddio'n digwydd yn y bylchau hyn yn y wain fyelin yn hytrach nag ym mhob nod Ranvier. ✓

SYLWADAU'R MARCIWR
Dydy Ceri ddim yn nodi bod y myelin yn atal ïonau rhag llifo i mewn, na'r potensial gweithredu.

Mae Ceri yn cael 1/4 marc

Uned 4: Amrywiad, Etifeddiad ac Opsiynau

4.1 Atgenhedlu rhywiol mewn bodau dynol

Crynodeb o'r testun

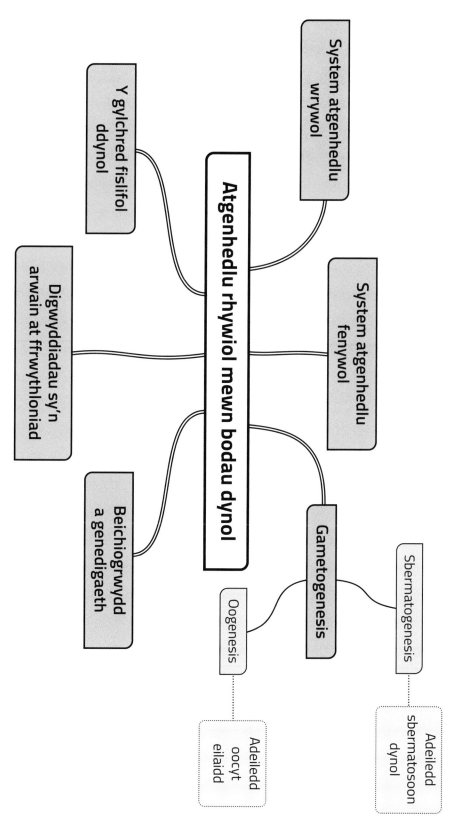

Cwestiynau ymarfer

[AA2, AA1]

C1 Dyma ddiagram sy'n dangos toriad drwy gaill mamolyn:

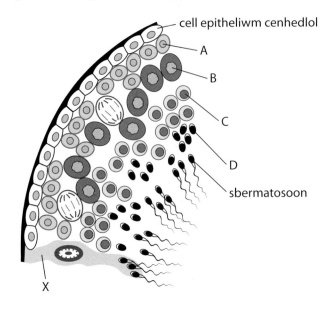

cell epitheliwm cenhedlol
A
B
C
D
sbermatosoon
X

a) Enwch gelloedd B, C a D. (2)

B = ...

C = ...

D = ...

b) Esboniwch sut mae cell C yn wahanol i gell B. (2)

....

....

....

c) Disgrifiwch sut mae cell D yn newid i'w galluogi hi i ffrwythloni oocyt eilaidd. (4)

....

....

....

....

....

....

[AA2, AA1]

C2 Mae'r diagram hwn yn dangos y system atgenhedlu wrywol:

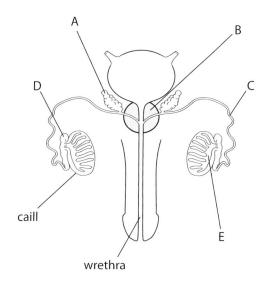

a) Enwch adeileddau A–E. (3)

A = ...

B = ...

C = ...

D = ...

E = ...

b) Nodwch swyddogaeth A a B. (2)

A = ...

B = ...

c) Yn y lle gwag isod, lluniadwch ddiagram wedi'i anodi'n llawn o sbermatosoon dynol. (3)

[AA2, AA1]

C3 Mae'r graff isod yn dangos lefelau pedwar gwahanol hormon yn ystod y gylchred fislifol. Defnyddiwch y graff, a'ch gwybodaeth eich hun, i ateb y cwestiynau canlynol.

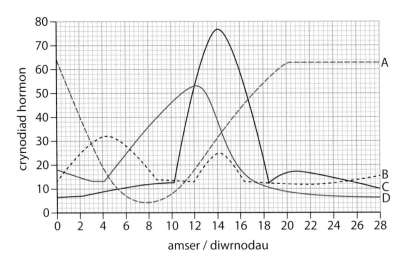

a) Enwch hormonau A–D. Awgrymwch reswm dros eich dewis. (8)

A = ...

Rheswm

....

....

B = ...

Rheswm

....

....

C = ...

Rheswm

....

....

D = ...

Rheswm

....

....

b) Nodwch o ble yn union mae hormon B yn cael ei ryddhau. (1)

....

c) Defnyddiwch y graff i esbonio pa hormon ofaraidd y gellid ei chwistrellu i'r corff i ***ysgogi*** ofwliad. (2)

....

....

....

....

ch) Defnyddiwch y graff i esbonio pa hormon ofaraidd y gellid ei chwistrellu i ***atal*** ofwliad. (2)

....

....

....

....

C4

[AA1]

a) Gwahaniaethwch rhwng yr adwaith acrosom a'r adwaith cortigol. (2)

b) Yn y lle gwag isod, lluniadwch ddiagram wedi'i anodi'n llawn o oocyt eilaidd. (3)

c) Disgrifiwch dair o swyddogaethau amddiffynnol y brych yn ystod beichiogrwydd. (3)

C5 [AA2, AA1]

Mae'r lluniad canlynol yn cynrychioli ofari dynol:

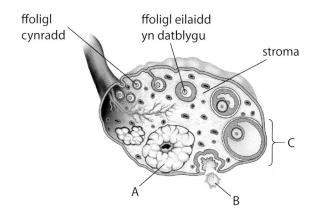

a) Enwch adeileddau A–C. (2)

A = ...

B = ...

C = ...

b) Gwahaniaethwch rhwng cynhyrchu'r oocyt eilaidd a'r sbermatocyt eilaidd. (4)

....

....

....

....

....

....

Dadansoddi cwestiynau ac atebion enghreifftiol

[a = AA2, b = AA2/AA1, c = AA1]

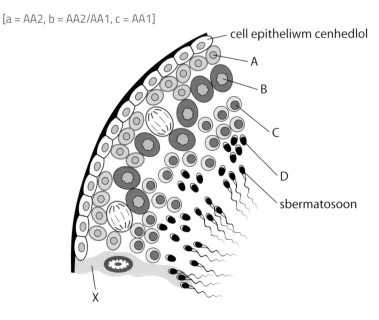

cell epitheliwm cenhedlol

A

B

C

D

sbermatosoon

X

a) Enwch gell X a disgrifiwch ei swyddogaeth. (2)

b) Enwch gell A a disgrifiwch y broses sy'n cynhyrchu cell B. (2)

c) Esboniwch sut mae'r sbermatosoon wedi addasu ar gyfer ei swyddogaeth. (3)

Ateb Lucie

a) Cell Sertoli yw cell X. ✓ Mae'n cynhyrchu maeth i'r sbermatosoa. ✓

b) Sbermatogoniwm yw cell A. ✓ Mae'n cyflawni mitosis i gynhyrchu'r sbermatocyt cynradd diploid. ✓

SYLWADAU'R MARCIWR
Ateb da, cryno.

c) Mae'r acrosom yn when y sbermatosoa yn cynnwys ensymau hydrolytig sy'n ei alluogi i dreulio zona pellucida yr ofwm. ✓

SYLWADAU'R MARCIWR
Cyn i'r sberm fynd i mewn i'r zona pellucida, rydyn ni'n galw'r gamet benywol yn oocyt eilaidd oherwydd dydy meiosis II ddim wedi digwydd eto.

Mae darn canol yn cael ei ychwanegu sy'n cynnwys llawer o fitocondria a chynffon sy'n darparu symudiad tuag at yr oocyt eilaidd. ✓

SYLWADAU'R MARCIWR
Dylai Lucie gynnwys swyddogaeth y mitocondria niferus, h.y. darparu'r ATP sydd ei angen ar gyfer ymsymudiad.

Mae Lucie yn cael 6/7 marc

Ateb Ceri

a) X yw'r gell nyrsio. ✗ Mae'n amddiffyn y sberm. ✗

SYLWADAU'R MARCIWR

Mae cell nyrsio yn anghywir, dim ond cell Sertoli sy'n cael ei dderbyn. Dydy ateb heb esboniad ddim yn ddigon; rhaid cael disgrifiad pendant.

b) Y sbermatogoniwm yw A, ✓ mae'n cyflawni meitosis i gynhyrchu cell B. ✗

SYLWADAU'R MARCIWR

Gallai meitosis gael ei ddrysu â meiosis felly ni ellir ei ganiatáu.

c) Mae gan y sbermatosoa ben sy'n cynnwys acrosom, darn canol sy'n cynnwys mitocondria a chynffon i symud. ✓

SYLWADAU'R MARCIWR

Mae angen i Ceri esbonio swyddogaeth y rhannau o'r sbermatosoa sy'n caniatáu ffrwythloniad yr oocyt eilaidd, h.y. yr acrosom sy'n cynnwys ensymau hydrolytig sy'n treulio'r zona pellucida, a'r mitocondria sy'n cynhyrchu ATP ar gyfer symud.

Mae Ceri yn cael 2/7 marc

CYNGOR

Byddwch yn ofalus wrth sillafu geiriau allweddol. Caniateir sillafu ffonetig cyn belled â bod dim modd ei ddrysu â therm arall. Gwnewch gysylltiad rhwng adeiledd a'i swyddogaeth, h.y. esboniwch y swyddogaeth.

4.2 Atgenhedlu rhywiol mewn planhigion

Crynodeb o'r testun

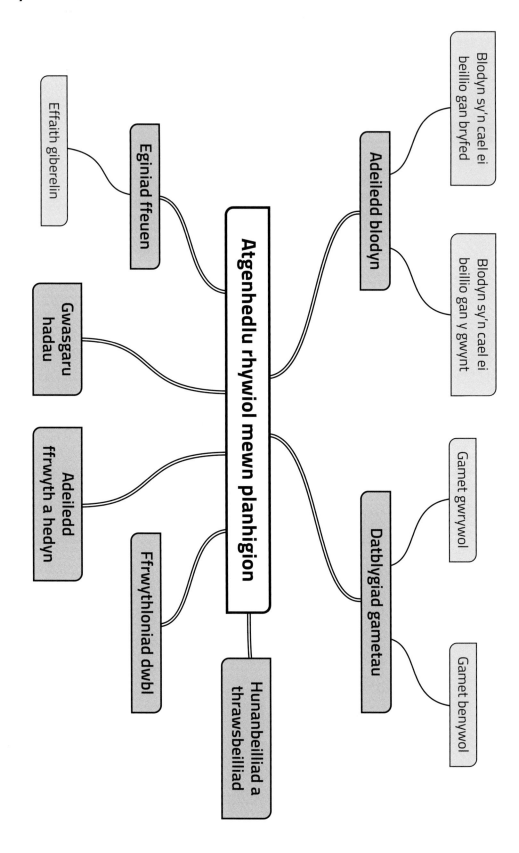

Cwestiynau ymarfer

[AA2, AA1]

C1 Mae'r lluniadau canlynol yn dangos blodau sy'n cael eu peillio gan bryfed a gan y gwynt:

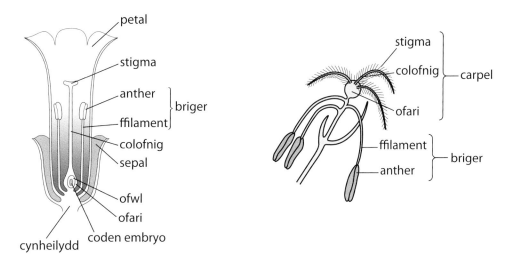

a) Gwahaniaethwch rhwng adeileddau atgenhedlu'r ddau flodyn sydd i'w gweld yn y diagramau, gan esbonio sut maen nhw wedi'u haddasu i'w dull peillio. (3)

b) Esboniwch sut mae'r paill sy'n cael ei gynhyrchu yn y ddau flodyn wedi'u haddasu i'r dull peillio. (2)

[AA1, AA2, AA3]

C2 Mae'r diagram isod yn dangos y digwyddiadau sy'n dilyn peilliad mewn blodyn sy'n cael ei beillio gan bryfyn:

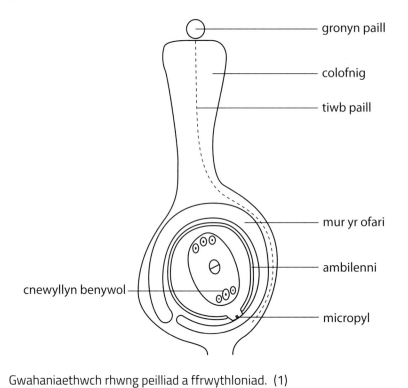

- gronyn paill
- colofnig
- tiwb paill
- mur yr ofari
- ambilenni
- cnewyllyn benywol
- micropyl

a) Gwahaniaethwch rhwng peilliad a ffrwythloniad. (1)

b) Disgrifiwch y digwyddiadau sy'n digwydd ar ôl peilliad ac sy'n arwain at ffrwythloniad. (3)

c) Wnaiff gronynnau paill o un rhywogaeth ddim egino ar stigma rhywogaeth arall. Y farn gyffredinol yw mai crynodiad y swcros ar y stigma yw'r prif ffactor sy'n rheoli hyn. Mae arbrawf yn cael ei gynnal i ymchwilio i effaith gwahanol grynodiadau swcros ar eginiad paill a hyd tiwb paill. Mae deg gronyn paill yn cael eu trosglwyddo i sleid microsgop gwydr ac mae diferyn o hydoddiant swcros yn cael ei ychwanegu. Yna, mae'r sleidiau'n cael eu rhoi mewn dysgl Petri sy'n cynnwys papur hidlo wedi'i fwydo mewn dŵr ac mae'r caead yn cael ei gau. Mae'r sleidiau'n cael eu gadael am 24 awr cyn edrych arnynt o dan ficrosgop golau â chwyddhad uchel (×100), ac mae'r eginiad canrannol a hyd y tiwb paill yn cael eu mesur. Mae'r arbrawf yn cael ei ailadrodd gan ddefnyddio amrediad o grynodiadau swcros o 0.0 i 1.6 mol dm^{-3}. Mae'r canlyniadau i'w gweld isod:

Crynodiad swcros/mol dm^{-3}	eginiad %	Hyd cymedrig y tiwb paill/μm
0.0	10	90
0.2	50	200
0.4	70	290
0.8	20	190
1.6	0	0

i) Awgrymwch pam mae'r sleidiau'n cael eu rhoi mewn dysgl Petri wedi'i selio gyda phapur hidlo llaith. (1)

ii) Awgrymwch pam does dim arwydryn yn cael ei roi ar y sleid wydr. (1)

iii) Casgliad y disgybl yw mai'r crynodiad swcros optimwm yw 0.4 mol dm^{-3}. Gwerthuswch y gosodiad hwn. (3)

C3

[M, AA2, AA3]

Mae arbrawf yn cael ei gynnal i ymchwilio i effaith asid giberelig ar hwyhad coesynnau planhigion pys (*Pisum sativum*). Ddeg diwrnod ar ôl eginiad, mae dau eginblanhigyn o'r un uchder yn cael eu cymryd, ac mae dau ddiferyn o hydoddiant asid giberelig (10 mg o asid giberelig i bob 100 cm³ o ddŵr distyll) yn cael eu rhoi ar feristem apigol pob eginblanhigyn. Mae'r arbrawf yn cael ei ailadrodd â dŵr distyll fel rheolydd. Mae uchder yr eginblanhigion pys yn cael ei fesur bob dau ddiwrnod nes iddyn nhw gael eu cynaeafu ar ôl 20 diwrnod. Mae'r canlyniadau i'w gweld isod:

Amser ar ôl eginiad/diwrnodau	Uchder cymedrig y planhigion pys wedi'u tyfu mewn dŵr/mm	Uchder cymedrig y planhigion pys wedi'u tyfu gyda 10 mg o asid giberelig/mm
10	6	6
12	7	10
14	11	16
16	14	25
18	18	31
20	22	38

a) Cyfrifwch y cynnydd canrannol cymedrig yn uchder yr eginblanhigion sydd wedi'u tyfu ag asid giberelig o'u cymharu â'r rheolydd ar ôl 20 diwrnod. Dangoswch eich gwaith cyfrifo. (2)

Ateb ....

b) Gan ddefnyddio'r canlyniadau a'ch gwybodaeth am effeithiau asid giberelig ar eginiad, awgrymwch gasgliad y gallech chi ei ffurfio o'r canlyniadau. (2)

....

....

....

....

c) Gwerthuswch eich casgliad. (2)

....

....

....

Dadansoddi cwestiynau ac atebion enghreifftiol

C&A 1

[AA3, AA1]

Mae arbrawf yn cael ei gynnal i ymchwilio i'r gofynion optimwm ar gyfer eginiad hadau ffa. Mae deg o hadau'n cael eu rhoi yn y gwahanol amgylcheddau sydd wedi'u nodi yn y tabl isod, ac mae uchder cymedrig yr eginblanhigion yn cael ei gofnodi ddeg diwrnod ar ôl iddyn nhw egino.

Tymheredd / °C	Cyfaint y dŵr sy'n cael ei gyflenwi bob dydd/cm^3	Uchder cymedrig yr eginblanhigion / mm
10	15	41
10	30	48
10	60	9
20	15	65
20	30	72
20	60	13
30	15	82
30	30	86
30	60	18

Gan ddefnyddio'r canlyniadau, lluniwch gasgliad ynglŷn â'r amodau optimwm y mae eu hangen er mwyn twf eginblanhigion ffa. Gan ddefnyddio eich gwybodaeth fiolegol, esboniwch eich casgliad. [9 AYE]

Ateb Lucie

Mae'r canlyniadau'n dangos bod tymheredd a dŵr yn effeithio ar dwf eginblanhigion ffa sy'n egino. Yr amodau optimwm ar gyfer twf yw 30 °C a chyflenwi 30 cm^3 o ddŵr; mae hyn yn rhoi eginblanhigion ag uchder cymedrig o 86 mm ar ôl deg diwrnod. ✓ Roedd gormod o ddŵr yn arafu'r twf, ac roedd hyn ar ei fwyaf amlwg ar 10 °C lle roedd uchder cymedrig yr eginblanhigion gyda 60 cm^3 dim ond yn 9 mm. ✓

Mae angen dŵr ar gyfer eginiad a thwf eginblanhigion. Mae'r hedyn yn amsugno dŵr, gan achosi i'r hadgroen hollti wrth i'r meinweoedd chwyddo. Mae'r cynwreiddyn yn dod allan ac yn dechrau amsugno mwy o ddŵr. Mae dŵr yn bwysig oherwydd mae'n darparu amodau addas ar gyfer actifedd ensymau ac yn darparu dŵr i hydrolysu startsh i ffurfio maltos. ✓

Unwaith mae'r eginblanhigyn yn cyflawni ffotosynthesis, mae angen dŵr hefyd ar gyfer y ffotosynthesis, ac i gludo swcros i'r mannau sy'n tyfu. ✓ Mae tymheredd optimwm yn bwysig, nid dim ond ar gyfer ensymau oherwydd bod tymheredd yn cynyddu egni cinetig y moleciwlau ensym a swbstrad gan arwain at fwy o gymhlygion ensym–swbstrad, ond hefyd ar gyfer yr ensymau sy'n ymwneud â ffotosynthesis, e.e. RwBisCo. ✓ Mae gormod o ddŵr yn arafu twf, er enghraifft; hyd yn oed ar yr optimwm o 30 °C, mae cynyddu'r dŵr sy'n cael ei gyflenwi o 30 i 60 cm^3 yn achosi i uchder yr eginblanhigion ostwng o 86 i 18 mm. ✓ Mae angen dŵr ar gyfer twf, ond mae gormod yn golygu bod llai o ocsigen ar gael ar gyfer gwreiddiau'r eginblanhigyn sy'n datblygu, gan fod dŵr yn cymryd lle aer yn y bylchau aer sydd yn y pridd. Mae angen ocsigen ar gyfer resbiradaeth aerobig maltos yn yr hedyn sy'n egino ac yn nes ymlaen ar gyfer ymlifiad actif ïonau mwynol, e.e. nitradau i'r gwreiddiau. Mae nitradau'n hanfodol ar gyfer twf oherwydd mae eu hangen nhw mewn planhigion i syntheseiddio proteinau, e.e. ensymau a phroteinau adeileddol. ✓

Mae Lucie yn cael 7/9 marc

SYLWADAU'R MARCIWR

Mae'n dyfynnu data, ond gallai hi fod wedi prosesu rhywfaint ohono, e.e. cynnydd %.

SYLWADAU'R MARCIWR

Mae hi'n sôn am hydrolysis maltos, ond gallai Lucie fod wedi cynnwys hafaliad neu sôn mwy am adio dŵr yn gemegol i dorri'r bondiau glycosidaidd. Byddai'n well dweud bod resbiradaeth glwcos yn dilyn hydrolysis maltos. Gallai'r ateb gyfeirio at y ffaith bod angen ocsigen ar gyfer resbiradaeth aerobig fel tanwydd i ffosynthesis ar gyfer twf.

SYLWADAU PELLACH

Mae Lucie yn rhoi casgliad llawn wedi'i ategu gan wybodaeth fiolegol fanwl o UG ac U2. Mae'r ateb yn glir ac yn dangos rhesymu dilyniannol. Does dim byd pwysig wedi'i adael allan.

Ateb Ceri

Yr amodau gorau ar gyfer twf yw 30 °C a chyflenwi 30 cm³ o ddŵr. ✓

SYLWADAU'R MARCIWR

Rhaid dyfynnu data, e.e. uchder 86 mm, ac mae angen i'r casgliad fod yn fwy manwl.

Mae dŵr yn bwysig oherwydd mae ei angen i hydrolysu startsh i ffurfio maltos yn yr hedyn, ac mae ei angen ar gyfer ffotosynthesis.

SYLWADAU'R MARCIWR

Dylai Ceri gynnwys manylion am hydrolysis maltos a pham mae angen dŵr ar gyfer ffotosynthesis, a thrawsleoli hydoddion, etc.

30 °C sy'n rhoi'r twf gorau oherwydd bod tymheredd yn cynyddu egni cinetig y moleciwlau ensym a swbstrad, sy'n arwain at fwy o gymhlygion ensym–swbstrad. ✓

SYLWADAU'R MARCIWR

Dylai Ceri enwi rhai ensymau, e.e. maltas, RwBisCO.

Dros 30 cm³ roedd uchder yr eginblanhigion yn llai, efallai oherwydd bod gormod o ddŵr yn lleihau'r ocsigen yn y pridd.

SYLWADAU'R MARCIWR

Dylai Ceri gynnwys pam mae ocsigen yn bwysig i'r eginblanhigyn sy'n tyfu, e.e. ymlifiad actif nitradau ac ïonau mwynol eraill.

Mae angen ocsigen ar gyfer resbiradaeth aerobig yn yr hedyn. Mae resbiradaeth aerobig yn cynhyrchu mwy o ATP na resbiradaeth anaerobig.

SYLWADAU'R MARCIWR

Mae Ceri'n esbonio'r canlyniadau ac yn dod i gasgliad, ond gan wneud y ddau beth yn gryno. Mae Ceri'n gwneud rhai pwyntiau perthnasol, ond defnydd cyfyngedig sy'n cael ei wneud o eirfa wyddonol.

Mae Ceri yn cael 2/9 marc

CYNGOR

Byddwch yn benodol ac enwch yr ensym a'r swbstrad. Cofiwch gynnwys data i ategu eich casgliad.

4.3 Etifeddiad

Crynodeb o'r testun

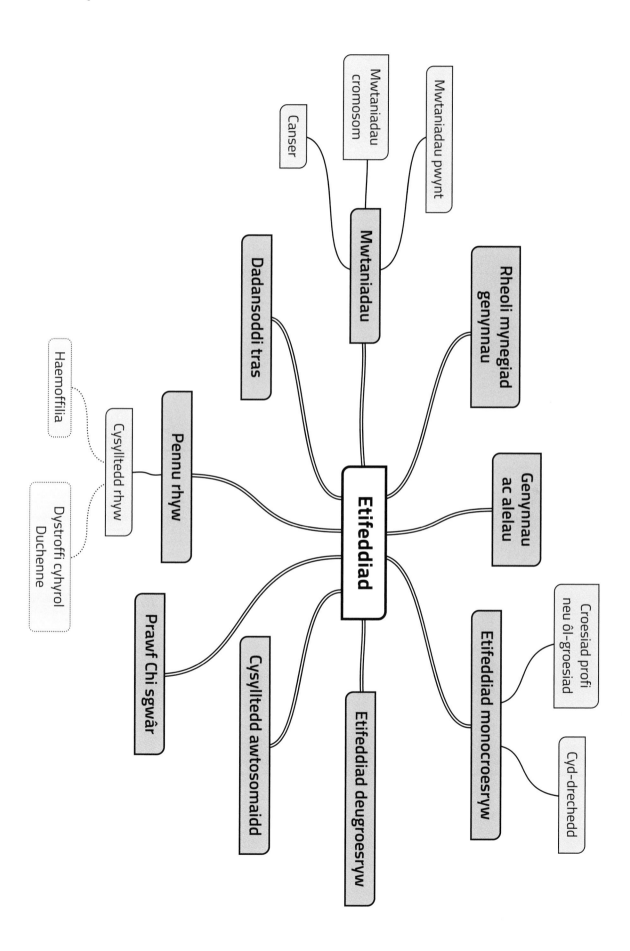

Cwestiynau ymarfer

C1 [AA1, S]

Gwahaniaethwch rhwng y termau canlynol:

a) Genyn ac alel. (2)

b) Homosygaidd a heterosygaidd. (2)

c) Trechol ac enciliol. (2)

ch) Cysylltedd rhyw a chysylltedd awtosomaidd. (2)

C2

[AA2, AA1]

a) Mae pys crychlyd melyn (heterosygaidd ar gyfer lliw a gwead) yn cael eu croesi â phys crwn gwyrdd homosygaidd enciliol. Gwnewch groesiad genynnol a darganfyddwch genoteipiau a ffenoteipiau'r epil sydd i'w disgwyl. (5)

Genoteip y rhieni .... X ....

Gametau

Cymhareb ffenoteipiau ....

b) Nodwch ddeddf gyntaf Mendel: Deddf arwahanu. (2)

....

....

....

C3 [AA2, AA1]

a) Dangoswch ganlyniadau croesiad genynnol gan gynnwys cymhareb ffenoteipiau'r epil rhwng dau blanhigyn pys heterosygaidd â hadau crwn lliw melyn, lle mai hadau gwyrdd a chrychlyd yw'r ffenoteipiau enciliol. (5)

Genoteip y rhieni .... X ....

Gametau

Cymhareb ffenoteipiau ....

b) Esboniwch sut mae'r canlyniadau hyn yn ategu ail ddeddf rhydd-ddosraniad Mendel. (2)

....

....

....

c) Ar gyfer y croesiad yn rhan a) dangoswch ganlyniadau'r croesiad pe bai genynnau lliw a gwead yn arddangos cysylltedd awtosomaidd. (2)

Genoteip y rhieni .... X ....

Gametau

Cymhareb ffenoteipiau ....

ch) Yn yr enghraifft uchod yn rhan c) esboniwch ddwy ffordd y gallai nifer uwch o gyfuniadau o epil ddigwydd. (4)

....

....

....

....

....

[M, AA2]

C4 Mewn moch cwta, mae'r alel ar gyfer cot ddu yn drechol dros albino ac mae'r alel ar gyfer cot arw yn drechol dros got lyfn. Mae mochyn cwta du heterosygaidd â chot lyfn yn cael ei baru â mochyn cwta albino â chot lyfn.

a) Gwnewch groesiad genynnol i ddangos canlyniad y croesiad hwn. (5)

Genoteip y rhieni .... X ....

Gametau

Cymhareb ffenoteipiau ....

b) Yn y genhedlaeth gyntaf, dyma oedd ffenoteipiau'r epil: 27 du cot arw; 22 du cot lyfn; 28 albino cot arw; 23 albino cot lyfn. Defnyddiwch χ^2 i ganfod a oes gwahaniaeth arwyddocaol rhwng y niferoedd a arsylwyd a'r niferoedd disgwyliedig o epil o'r gwahanol ffenoteipiau. (6)

Tabl Chi sgwâr

Graddau o ryddid	P = 0.10	P = 0.05	P = 0.02
1	2.71	3.84	5.41
2	4.61	5.99	7.82
3	6.25	**7.82**	9.84
4	7.78	9.49	11.67
5	9.24	11.07	13.39

Gan ddefnyddio'r fformiwla $\chi^2 = \dfrac{\Sigma (O-E)^2}{E}$

Dangoswch eich gwaith cyfrifo.

Categori	Arsylwyd (O)	Disgwyliedig (E)			
du cot arw					
du cot lyfn					
albino cot arw					
albino cot lyfn					
	$\Sigma =$				$\Sigma =$

$\chi^2 =$ ....

Ateb

....

....

....

[AA2, M]

C5 Mae'r diagram yn dangos etifeddiad haemoffilia, cyflwr rhyw-gysylltiedig, mewn teulu.

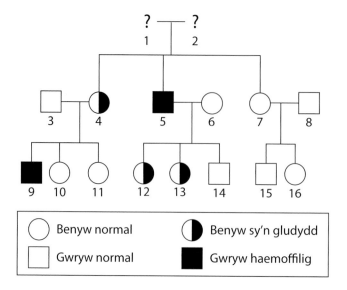

a) Enwch y term a roddir i'r diagram genynnol uchod. (1)

....

b) Darganfyddwch ffenoteip rhieni 1 a 2. Esboniwch eich rhesymau ar gyfer y ddau riant. (3)

Ffenoteip = ...

Rhesymau

....

....

....

c) Gwnewch groesiad i ddangos y siawns y bydd gan blentyn gwrywol arall i rieni 3 a 4 haemoffilia. (4)

Siawns = ...

C6

[AA2, M]

Mae DCD/DMD yn anhwylder niwrogyhyrol angheuol sy'n cael ei achosi gan fwtaniad enciliol ar y cromosom X. Mae DCD yn effeithio ar tua 1 o bob 3,500 o wrywod; fodd bynnag, dim ond cludyddion yw'r rhan fwyaf o enethod sy'n cael eu geni â mwtaniadau DCD, felly er nad yw DCD yn effeithio arnyn nhw eu hunain, maen nhw'n gallu trosglwyddo genynnau DCD i'w plant. Mae'r diagram canlynol yn dangos etifeddiad DCD mewn teulu:

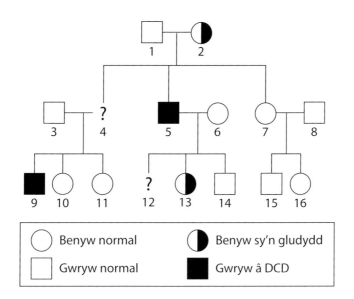

◯ Benyw normal	◐ Benyw sy'n gludydd
☐ Gwryw normal	■ Gwryw â DCD

a)   Esboniwch pam mae'r anhwylder yn effeithio ar fechgyn, ond cludyddion yw'r genethod. (1)

....

....

b)   Nodwch ffenoteip rhiant 4. Esboniwch eich dewis. (2)

Ffenoteip = ...

Rhesymau

....

....

....

c)   Gwnewch groesiad genynnol i gyfrifo'r siawns bod plentyn benywol 12 yn gludydd. (4)

Siawns = ...

Dadansoddi cwestiynau ac atebion enghreifftiol

C&A 1

[M, AA2]

Mae madfallod Anole gwrywol yn denu benywod drwy siglo eu pennau i fyny ac i lawr gan ddangos patshyn lliwgar ar eu gwddf. Mae'n well gan fenywod baru â gwrywod â phatshyn coch ar eu gwddf sy'n siglo eu pennau'n gyflym. Mae'r nodweddion hyn yn drechol i wrywod â phatshyn melyn sy'n siglo eu pennau'n araf. Mae madfall wrywol sy'n heterosygaidd ar gyfer siglo pen yn gyflym a phatshyn coch ar y gwddf yn paru â benyw â phatshyn melyn ar y gwddf sy'n siglo'r pen yn araf. Yn y genhedlaeth gyntaf, dyma oedd ffenoteipiau'r epil (F1): 27 siglo cyflym patshyn coch; 22 siglo cyflym patshyn melyn; 28 siglo araf patshyn coch; 23 siglo araf patshyn melyn.

a) Cwblhewch y croesiad isod i ddangos sut mae epil y genhedlaeth gyntaf yn etifeddu'r ffenoteip sydd i'w weld uchod. (5)

Genoteip y rhieni .... X ....

Gametau .... X ....

Genoteipiau F1

Ffenoteipiau F2

Cymhareb ffenoteip

b) Defnyddiwch y tabl isod i gyfrifo χ^2 ar gyfer canlyniadau'r croesiad. (3)

Categori	Arsylwyd (O)	Disgwyliedig (E)			

Gan ddefnyddio'r fformiwla $\chi^2 = \dfrac{\Sigma (O-E)^2}{E}$

$\chi^2 =$ ....

c) Defnyddiwch y gwerth X^2 rydych chi wedi'i gyfrifo a'r tabl tebygolrwydd i ffurfio casgliad ynglŷn â sut mae lliw a gwead y got yn cael eu hetifeddu. (4)

Graddau o ryddid	p = 0.10	p = 0.05	p = 0.02
1	2.71	3.84	5.41
2	4.61	5.99	7.82
3	6.25	7.82	9.84
4	7.78	9.49	11.67
5	9.24	11.07	13.39

Ateb Lucie

a) FfRr x ffrr ✓

FR, Fr, fR, fr x fr ✓

        fr

FR   FfRr   siglo cyflym, patshyn coch

Fr   Ffrr   siglo cyflym, patshyn melyn ✓

fR   ffRr   siglo araf, patshyn coch

fr   ffrr   siglo araf, patshyn melyn ✓

y gymhareb yw 1:1:1:1 ✓

b)

Categori	Arsylwyd (O)	Disgwyliedig (E)	O − E	(O − E)²	(O − E)²/E
siglo cyflym patshyn coch	27	25	2	4	0.16
siglo cyflym patshyn melyn	22	25	−3	9	0.36
siglo araf patshyn coch	28	25	3	9	0.36
siglo araf patshyn melyn	23	25	−2	4	0.16
Σ	100	100			1.04

✓ (under Arsylwyd)   ✓ (under (O − E)²/E)

X^2 = 1.04 ✓

c) Y rhagdybiaeth nwl yw nad oes gwahaniaeth arwyddocaol rhwng y gwerth a arsylwyd a'r gwerth disgwyliedig. ✓

Gan fod y gwerth wedi'i gyfrifo, sef 1.04, yn llai na'r gwerth critigol ar p = 0.05, sef 7.82, gallwn ni dderbyn y rhagdybiaeth nwl, felly siawns oedd yn gyfrifol am unrhyw wahaniaethau rhwng y canlyniad a arsylwyd a'r canlyniad disgwyliedig. ✓

SYLWADAU'R MARCIWR

Dylai Lucie gynnwys sut mae lliw a gwead y got yn cael eu hetifeddu, h.y. felly, mae geneteg Fendelaidd yn berthnasol, a does dim cysylltedd rhwng cyflymder siglo'r madfallod a lliw'r patshyn ar eu gwddf. Mae lliw'r patshyn yn cael ei reoli gan alel coch trechol ac alel melyn enciliol, ac mae cyflymder siglo'r pen yn cael ei reoli gan alel cyflym trechol ac alel araf enciliol.

Mae Lucie yn cael 10/12 marc

Ateb Ceri

a) Ff Rr x ffrr ✓

FR, Fr, fR, fr x fr ✓

	fr
FR	FfRr
Fr	Ffrr
fR	ffRr
fr	ffrr ✓

y gymhareb yw 1:1:1:1 ✓

SYLWADAU'R MARCIWR

Dylai Ceri gynnwys ffenoteipiau naill ai yn y tabl neu yn y cymarebau.

b)

Categori	Arsylwyd (O)	Disgwyliedig (E)	$O - E$	$(O - E)^2$	
siglo cyflym patshyn coch	27	25	2	4	
siglo cyflym patshyn melyn	22	25	-3	9	
siglo araf patshyn coch	28	25	3	9	
siglo araf patshyn melyn	23	25	-2	4	
Σ	100	100			

✓

$\dfrac{26}{100} = 0.26$

$\chi^2 = 0.26$ ✗

SYLWADAU'R MARCIWR

Mae Ceri wedi adio pob $(O-E)^2$ at ei gilydd ac yna wedi rhannu hwn â chyfanswm E yn hytrach na chyfrifo pob un $(O-E)^2$ / E ac adio'r rhain at ei gilydd. O ganlyniad, mae'r gwerth Chi sgwâr sydd wedi'i gyfrifo'n anghywir. Mae hyn yn gamgymeriad cyffredin.

c) Gan fod y gwerth wedi'i gyfrifo, sef 0.26, yn llai na'r gwerth critigol, sef 7.82, siawns oedd yn gyfrifol am unrhyw wahaniaethau rhwng y canlyniad a arsylwyd a'r canlyniad disgwyliedig. ✓

SYLWADAU'R MARCIWR

Rhaid i Ceri gynnwys y lefel tebygolrwydd a ddefnyddiwyd, h.y. p = 0.05, oherwydd 7.82 hefyd yw'r gwerth ar gyfer 2 radd rhyddid ar p = 0.02.

SYLWADAU'R MARCIWR

Mae Ceri wedi cael marc dwyn gwall ymlaen – er bod y gwerth wedi'i gyfrifo'n anghywir, cafodd hyn ei gosbi yn rhan b) felly dydy hyn ddim yn cael ei gosbi eto yn rhan c). Mae angen i Ceri gynnwys rhagdybiaeth nwl, a dylai hi gynnwys sut mae lliw'r patshyn a chyflymder siglo'r pen yn cael eu hetifeddu, h.y. felly, mae geneteg Fendelaidd yn berthnasol, a does dim cysylltedd rhwng genynnau lliw'r patshyn a chyflymder siglo'r pen, ac ati.

Mae Ceri yn cael 6/12 marc

CYNGOR

Wrth wneud profion ystadegol, cofiwch gynnwys rhagdybiaeth nwl a sicrhau eich bod chi'n esbonio canlyniadau yn nhermau arwyddocâd, siawns a'r gwerth tebygolrwydd 0.05.

4.4 Amrywiad ac esblygiad

Crynodeb o'r testun

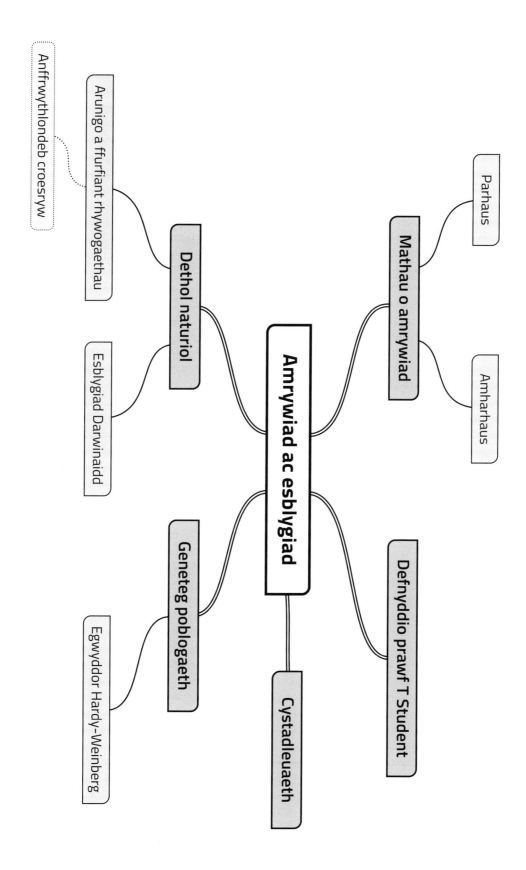

Anffrwythlondeb croesryw

Arunigo a ffurfiant rhywogaethau

Esblygiad Darwinaidd

Dethol naturiol

Amrywiad ac esblygiad

Mathau o amrywiad

Parhaus

Amharhaus

Egwyddor Hardy-Weinberg

Geneteg poblogaeth

Cystadleuaeth

Defnyddio prawf T Student

Cwestiynau ymarfer

[AA2, AA1]

C1 Mae dosbarthiad grwpiau gwaed ABO i'w weld yn y graff isod. Mae gwyddonwyr wedi dod i'r casgliad bod grŵp gwaed yn fath o amrywiad amharhaus sy'n cael ei reoli gan etifeddiad monogenig.

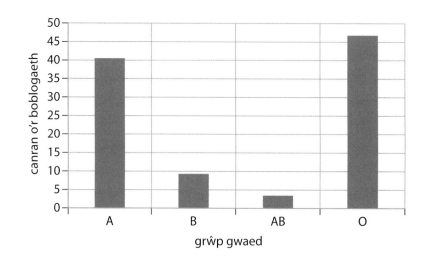

a) Esboniwch beth yw ystyr monogenig. (1)

....

....

b) Gan ddefnyddio'r graff, esboniwch beth yw'r dystiolaeth bod grŵp gwaed yn fath o amrywiad amharhaus. (1)

....

....

c) Disgrifiwch **bedair** ffordd mae amrywiad yn gallu digwydd. (4)

....

....

....

....

....

....

C2

[AA1, S]

Gwahaniaethwch rhwng y termau canlynol:

a) Cystadleuaeth ryngrywogaethol a mewnrywogaethol. (2)

b) Amlder alel a chyfanswm genynnol. (2)

c) Rhywogaeth a ffurfiant rhywogaethau. (2)

ch) Ffurfiant rhywogaethau alopatrig a sympatrig. (2)

Uned 4: Amrywiad, Etifeddiad ac Opsiynau

C3

[M, AA2, AA1]

Fel ymateb i bathogenau, mae planhigion wedi esblygu genynnau ymwrthedd sy'n rhoi ymwrthedd i firws, bacteria, ffwng neu bryfed penodol.Mae'r rhain yn cynnwys y gallu i gynhyrchu ensymau, e.e. citinasau, a chyfansoddion gwrthficrobaidd, e.e. ffytoalecsinau, sy'n cael eu syntheseiddio ac sy'n cronni'n gyflym iawn yn y mannau y mae'r pathogen wedi'u heintio. Mae planhigion hefyd wedi esblygu i fyw mewn amgylcheddau cras drwy ddatblygu nodweddion fel cwtiglau cwyraidd trwchus sy'n lleihau colli dŵr drwy gyfrwng trydarthiad. Dros amser, mae amlder yr alelau hyn mewn poblogaethau wedi newid yn unol â'r pwysau dethol.

Ar ynys anghysbell, mae gan blanhigion palmwydd enynnau ar gyfer trwch cwtigl cwyraidd ac ymwrthedd i glefydau. Mae cwtigl cwyraidd tenau (T) yn drechol dros gwtigl cwyraidd trwchus (t), ac mae'r gallu i syntheseiddio ffytoalecsinau (p) yn enciliol i beidio â gallu syntheseiddio ffytoalecsinau (P). Tybiwch fod y cyfanswm genynnol yn gyfyngedig ac nad yw hi'n bosibl cyflwyno alelau newydd i'r boblogaeth drwy fewnfudo na'u colli nhw drwy allfudo.

a) Defnyddiwch egwyddor Hardy–Weinberg i gyfrifo amlder yr heterosygotau sy'n cludo'r alel ffytoalecsin ym mhoblogaeth y palmwydd, os oes gan 1 o bob 200 planhigyn ymwrthedd i'r clefyd. Dangoswch eich gwaith cyfrifo. (5)

Hafaliad Hardy–Weinberg yw $p^2 + 2pq + q^2 = 1$

Lle mae:

p^2 = amlder alelau homosygaidd trechol

$2pq$ = amlder heterosygotau

q^2 = amlder alelau homosygaidd enciliol

Amlder heterosygotau = ...

b) Gan ddefnyddio eich cyfrifiad uchod, amcangyfrifwch nifer y planhigion homosygaidd trechol mewn poblogaeth o 10,000. (2)

Ateb = ...

c) Nodwch **dair** tybiaeth rydyn ni'n eu gwneud wrth ddefnyddio egwyddor Hardy–Weinberg. (3)

....

....

....

ch) Awgrymwch sut gallai'r alelau trechol gael eu colli o'r boblogaeth dros amser. (4)

....

....

....

....

....

....

C4

[AA1]

Esboniwch y ffyrdd y mae arunigo yn gallu arwain at ffurfiant rhywogaethau. [9 AYE]

[AA1, AA2]

C5 Mae'r darluniau canlynol yn dangos esblygiad y ceffyl dros y 55 miliwn o flynyddoedd diwethaf, a chranc pedol heddiw o gymharu â ffosil 400 miliwn mlwydd oed.

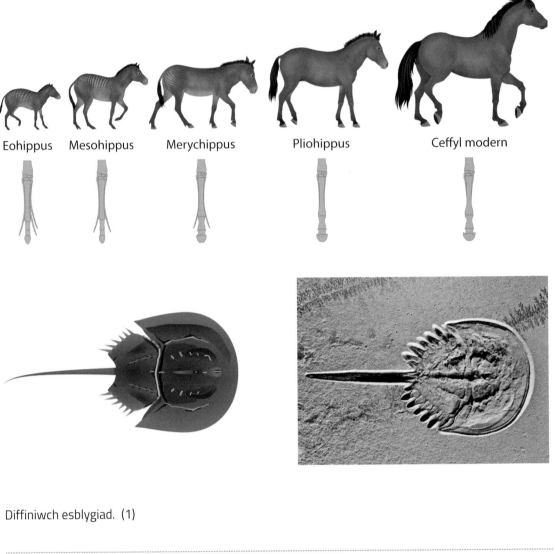

Eohippus   Mesohippus   Merychippus   Pliohippus   Ceffyl modern

a) Diffiniwch esblygiad. (1)

....

....

b) Awgrymwch resymau dros y gwahaniaethau sydd i'w gweld rhwng esblygiad y ceffyl a'r cranc pedol. (5)

....

....

....

....

....

....

....

C6

[AA2]

Mae'r ffotograff isod yn dangos asyn llwyd (rhif cromosom 62) a cheffyl du (rhif cromosom 64). Rydyn ni'n ystyried bod y rhain yn ddwy rywogaeth wahanol; maen nhw'n gallu rhyngfridio i gynhyrchu mul.

a) Gan ddefnyddio'r wybodaeth sydd wedi'i rhoi, esboniwch pam rydyn ni'n ystyried bod yr anifeiliaid hyn yn ddwy rywogaeth wahanol. (5)

....

....

....

....

....

....

....

b) Awgrymwch y broses a allai fod wedi arwain at ffurfiant y ddwy rywogaeth. (2)

....

....

....

Dadansoddi cwestiynau ac atebion enghreifftiol

C&A 1

[AA1, AA2]

Mae ffibrosis cystig yn gyflwr enciliol sy'n effeithio ar tua 1 o bob 2500 o fabanod dynol yn y Deyrnas Unedig. Mae fformiwla Hardy–Weinberg yn datgan, os yw alelau **A** ac **a** yn bresennol mewn poblogaeth â'r amlderau p a q, mai cyfran yr unigolion sy'n homosygaidd ar gyfer yr alel trechol (AA) fydd p^2, cyfran yr heterosygotau (Aa) fydd 2pq, a chyfran yr unigolion homosygaidd enciliol (aa) fydd q^2, lle mae p + q = 1.

Hafaliad Hardy–Weinberg yw $p^2 + 2pq + q^2 = 1$

a) Beth yw ystyr y term alel enciliol? (2)

b) Defnyddiwch fformiwla Hardy–Weinberg i amcangyfrif nifer y cludyddion ffibrosis cystig ym mhob 1000 o bobl yn y Deyrnas Unedig. Dangoswch eich gwaith cyfrifo. (4)

c) Nodwch ddwy amod ddylai fodoli mewn amodau delfrydol er mwyn i egwyddor Hardy–Weinberg fod yn berthnasol i'r enghraifft hon. (2)

Ateb Lucie

a) Alel sydd dim ond yn cael ei fynegi yn yr unigolyn homosygaidd enciliol, e.e. aa. ✔

SYLWADAU'R MARCIWR
Mae angen i Lucie hefyd ddiffinio alel, h.y. ffurf wahanol ar yr un genyn (genyn yw darn o DNA sy'n codio ar gyfer polypeptid penodol).

b) $aa = \dfrac{1}{2500} = 0.0004 = q^2$ ✔

$q = \sqrt{0.0004} = 0.02$

$p = 1 - 0.02 = 0.98.$ ✔

$Aa = 2pq = 2 \times 0.02 \times 0.98$ ✔ $= 0.039$ neu 39 o bob 1000 o'r boblogaeth. ✔

c) Mae amlderau alelau'n hafal yn y ddau ryw ✔ ac mae atgenhedlu'n digwydd ar hap. ✔

Mae Lucie yn cael 7/8 marc

Ateb Ceri

a) Mae alel enciliol yn codio ar gyfer protein. ✘

SYLWADAU'R MARCIWR
Mae angen i Ceri ddiffinio alel yn gywir – sef ffurf wahanol ar yr un genyn.

a rhaid i'r ddau gopi o'r alel fod yn bresennol er mwyn i'r ffenoteip ymddangos, e.e. aa. ✔

b) $q^2 = \dfrac{1}{2500} = 0.0004$ ✔

$q = 0.02$

$p = 0.98.$ ✔

SYLWADAU'R MARCIWR
Dylai Ceri ddangos y gwaith cyfrifo yn fwy llawn er mwyn gallu cael marciau am y broses. Mae angen cynnwys y cam olaf, sef cyfrifo gwerth 2pq ($2 \times 0.02 \times 0.98$) i gael 0.039 ac yna lluosi â 1000 i gael y gyfran o'r boblogaeth i bob 1000.

y gyfran o'r boblogaeth sy'n gludyddion yw 0.98 ✘

c) Mae maint y boblogaeth yn fawr iawn ✔ a does dim mudo. ✘

SYLWADAU'R MARCIWR
Yn yr enghraifft hon mewn bodau dynol, mae mudo yn debygol iawn gan fod pobl yn mudo i mewn ac allan o'r Deyrnas Unedig bob blwyddyn, felly dylai Ceri fod wedi defnyddio enghraifft arall, e.e. does dim dethol, neu mae paru'n digwydd ar hap.

SYLWADAU PELLACH
Mae'n bwysig ateb yng nghyd-destun y cwestiwn, oherwydd bydd rhai enghreifftiau'n amherthnasol. Cofiwch ddangos eich gwaith cyfrifo llawn bob tro er mwyn i'r arholwyr allu rhoi marciau am y broses.

Mae Ceri yn cael 4/8 marc

4.5 Cymwysiadau atgenhedlu a geneteg

Crynodeb o'r testun

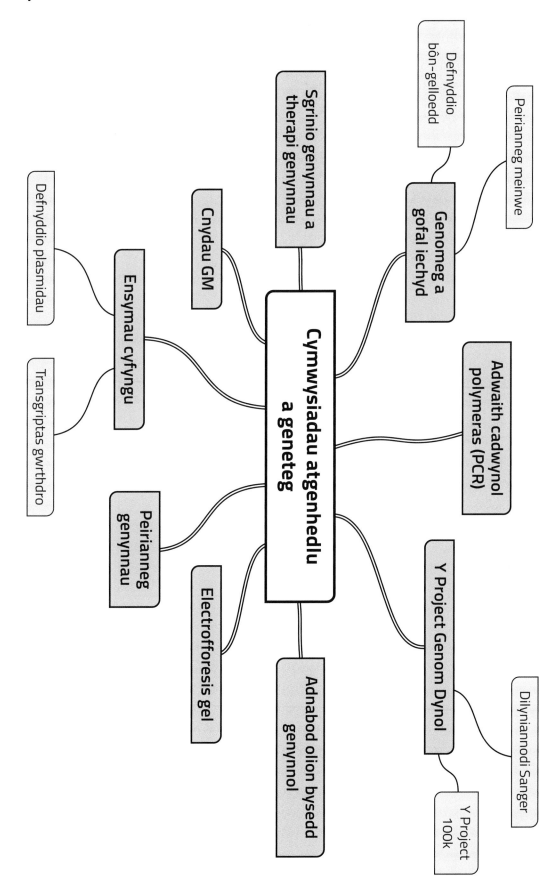

- Sgrinio genynnau a therapi genynnau
- Defnyddio bôn-gelloedd
- Genomeg a gofal iechyd
- Peirianneg meinwe
- Cnydau GM
- Ensymau cyfyngu
- Defnyddio plasmidau
- Transgriptas gwrthdro
- Cymwysiadau atgenhedlu a geneteg
- Adwaith cadwynol polymeras (PCR)
- Peirianneg genynnau
- Electrofforesis gel
- Adnabod olion bysedd genynnol
- Y Project Genom Dynol
- Dilyniannodi Sanger
- Y Project 100k

Cwestiynau ymarfer

C1

[AA2, AA1]

Dilyniant sy'n ailadrodd yw D7S280 sy'n bodoli ar gromosom dynol 7. Mae dilyniant DNA alel cynrychiadol o'r locws hwn i'w weld isod. Dilyniant ailadroddiad tetramerig D7S280 yw 'gata'. Mae gan wahanol alelau'r locws hwn rhwng 6 ac 15 o ailadroddiadau tandem o'r dilyniant 'gata'. Mae'r dilyniant DNA canlynol yn dangos dilyniant ailadroddiad tetramerig D7S280:

1   aatttttgta ttttttttag agacggggtt tcaccatgtt ggtcaggctg actatggagt

61   tattttaagg ttaatatata taaagggtat gatagaacac ttgtcatagt ttagaacgaa

121 ctaac**gatag atagatagat agatagatag atagatagat agatagatag atagata**gat

181 tgatagtttt tttttatctc actaaatagt ctatagtaaa catttaatta ccaatatttg

241 gtgcaattct gtcaatgagg ataaatgtgg aatcgttata attcttaaga atatatattc

301 cctctgagtt tttgatacct cagattttaa ggcc

a)   Mae sampl wedi'i fwyhau o'r dilyniant DNA yn cael ei redeg ar gel electrofforesis yn erbyn ysgol DNA o faint hysbys. Ar y diagram isod, marciwch fand a'i labelu'n sampl 1, i ddangos ble byddech chi'n disgwyl i fand D7S280 ymddangos. (1)

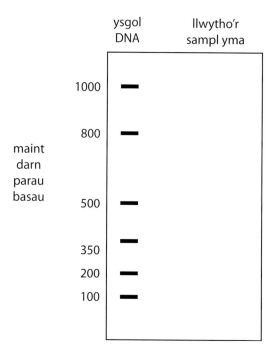

b)   Marciwch ar y diagram ble byddai'r electrod positif (+) a'r electrod negatif (−) i'w cael. Esboniwch eich dewisiadau. (3)

Esboniad

....

....

....

c)   Gallwn ni ddefnyddio cyfuniad o ailadroddiadau tandem byr (STR: *short tandem repeats*) fel yr un sydd i'w weld yn rhan a) i gynhyrchu olion bysedd genynnol. Mae'r diagram isod yn dangos canlyniadau achos tadolaeth. Nodwch pwy yw'r tad ac esboniwch eich dewis. (2)

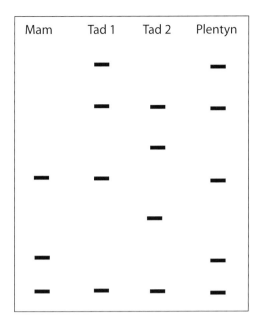

Tad = ...

Rheswm

....

....

ch) Er mwyn mwyhau DNA i symiau digon mawr i'w rhedeg ar gel agaros gan ddefnyddio electrofforesis, rydyn ni'n defnyddio PCR.

i)   Nodwch beth mae PCR yn ei olygu. (1)

....

ii)   Mae PCR yn cynnwys tri cham â thymereddau gwahanol. Nodwch pa dymheredd sy'n cael ei ddefnyddio, ac esboniwch bwrpas pob tymheredd. (5)

Tymheredd 1 ....

Pwrpas ....

Tymheredd 2 ....

Pwrpas ....

Tymheredd 3 ....

Pwrpas ....

C2 Mae'r diagram isod yn dangos plasmid bacteria 2105 o barau o fasau o hyd, a'r safleoedd lle mae saith o wahanol ensymau cyfyngu'n ei dorri, e.e. mae safle Hind II 350 o barau o fasau oddi wrth safle Bam I. Defnyddiwch y diagram i ateb y cwestiynau canlynol.

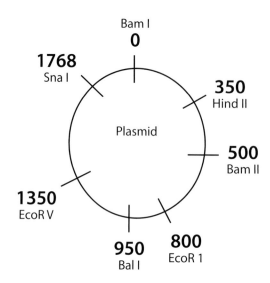

a) Cyfrifwch nifer y darnau sy'n cael eu cynhyrchu os yw pob un o'r saith ensym cyfyngu yn cael ei ddefnyddio.

Ateb ....

b) Cyfrifwch faint y darn mwyaf. Dangoswch eich gwaith cyfrifo. (2)

Ateb ....

c) Mae'r plasmid yn cael ei dorri gan ddefnyddio Bam I ac Sna I. Cyfrifwch faint pob darn sy'n cael ei gynhyrchu. Dangoswch eich gwaith cyfrifo. (2)

Ateb

....

ch) Mae genyn yn cael ei ganfod rhwng 1015 a 1750 bas. Nodwch pa ensymau cyfyngu y byddai angen eu defnyddio i dynnu'r genyn gyda chyn lleied â phosibl o fasau ychwanegol. (1)

Ateb

....

C3

[S, AA1, AA2]

Mae clefyd y crymangelloedd yn gyffredin mewn poblogaethau sydd wedi esblygu mewn cynefinoedd â malaria: poblogaethau Affro-Caribeaidd ac Asiaidd, ac o'r Dwyrain Canol a Dwyrain Môr y Canoldir. Mae clefyd y crymangelloedd yn cael ei achosi gan fwtaniad sy'n amnewid adenin am thymin ac yn troi un asid amino yn falin. Dan wasgedd rhannol ocsigen isel, mae'r mwtaniad yn achosi i gelloedd coch anffurfio a blocio capilarïau.

a) Enwch y math o fwtaniad sydd i'w weld. (1)

b) Enwch y grŵp o niwcleotidau mae adenin a thymin yn perthyn iddo. (1)

c) Mae'r alelau ar gyfer haemoglobin normal a haemoglobin cryman-gell yn gyd-drechol. Esboniwch pam mae hyn yn enghraifft o fantais heterosygot. (2)

ch) Defnyddiwch eich gwybodaeth am glefyd y crymangelloedd a thechnoleg genynnau i esbonio sut gallech chi drin dioddefwr cryman-gell. (4)

[S, AA2, AA1]

C4 Mae dilyniannodi Sanger yn ddull dilyniannodi DNA sydd wedi'i enwi ar ôl y gwyddonydd a ddyfeisiodd y dull. Mae'n gweithio drwy ddilyniannodi darnau bach o DNA â hyd tuag 800 bas sy'n cael eu creu drwy ddefnyddio ensymau cyfyngu. Yna, mae'n defnyddio DNA polymeras i syntheseiddio edafedd cyflenwol gan ddefnyddio'r adwaith cadwynol polymeras (PCR). Mae pedwar adwaith yn cael eu cynnal (un ar gyfer adenin, thymin, cytosin a gwanin), a phob un yn cynnwys niwcleotidau cyflenwol wedi'u marcio â marciwr ymbelydrol, ond mae rhai o'r niwcleotidau sy'n cael eu defnyddio ym mhob adwaith wedi'u haddasu, sef y niwcleotidau stop. Pan mae'r rhain yn cael eu rhoi yn yr edefyn cyflenwol, maen nhw'n atal mwy o synthesis. Mae canlyniadau'r holl adweithiau ar gyfer pob niwcleotid yn cael eu gosod ochr yn ochr ar gel agaros gan ddefnyddio electrofforeses gel. Mae'r gel hwn wedyn ar ffilm pelydr-x i ganfod y signal ymbelydrol. Gallwn ni ganfod y dilyniant drwy ddarllen y patrwm bandio.

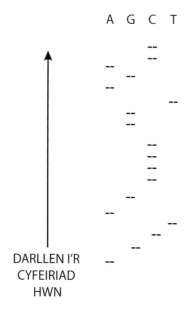

Defnyddiwch y canlyniadau gel uchod a'ch gwybodaeth eich hun am electrofforesis gel i ateb y cwestiynau canlynol.

a) Awgrymwch pam rydyn ni'n darllen y gel i'r cyfeiriad sydd i'w weld. (2)

b) Darganfyddwch beth yw dilyniant DNA y sampl. (2)

c) Disgrifiwch **dri** o gyfyngiadau PCR. (3)

ch)   Mae PCR yn cynnwys tri cham. Ar gyfer cam 2, mae angen oeri i 50–60 °C i adael i'r primyddion gydio
â'r templed drwy gyfrwng paru basau cyflenwol. Awgrymwch pam gallai fod angen i wyddonwyr
ddefnyddio tymheredd is ar gyfer rhai primyddion. (3)

....

....

....

....

d)   Disgrifiwch **dri** phryder moesegol am y Project Genom Dynol. (3)

....

....

....

....

C5

[AA1]

Amlinellwch fanteision, anfanteision a pheryglon peiriannu genynnau bacteria. [9 AYE]

C6 [AA2, AA1]

Mae'r plasmid bacteria isod yn cynnwys dau enyn marcio: mae'r cyntaf yn rhoi ymwrthedd i ampisilin, ac mae'r ail yn cynnwys y genyn Lac Z sy'n metaboleiddio'r cemegyn x-gal, gan ei droi o ddi–liw i las. Mae cytrefi sydd wedi'u tyfu ar blât sydd ag x-gal wedi'i daenu arno'n edrych yn las yn hytrach na gwyn.

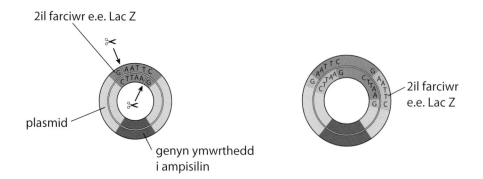

a) Esboniwch swyddogaeth y ddau enyn marcio. (3)

....

....

....

....

....

b) Disgrifiwch y camau sydd eu hangen i fewnosod DNA yn y safle clonio. (4)

....

....

....

....

....

Dadansoddi cwestiynau ac atebion enghreifftiol

C&A 1

[a = AA1, b ac c = AA3]

Mae gwyddonwyr yn dechrau mapio darn o DNA drwy ei dorri â gwahanol ensymau cyfyngu ac amcangyfrif maint pob darn drwy osod y cynhyrchion ar gel agaros ochr yn ochr ag ysgol DNA sy'n cynnwys darnau o DNA o faint hysbys. Mae'r canlyniadau i'w gweld yn y tabl isod:

Ensymau a gafodd eu defnyddio	Amcangyfrif o faint y darnau sy'n cael eu cynhyrchu / parau o fasau
EcoRI	550, 450
BamHI	750, 300
SnaI	500, 325, 200
EcoRI a PstII	550, 450
EcoRI a HindIII	550, 250, 200

a) Beth yw ensym cyfyngu? (1)

b) Mae yna gyfyngiadau i ddefnyddio ysgol DNA i amcangyfrif maint darnau o DNA, ac yn aml nid yw'n fanwl gywir. Pa dystiolaeth sydd yn y data i ategu'r honiad hwn? (2)

c) Lluniwch gasgliadau o'r canlyniadau, gan gyfiawnhau eich ateb. (3)

Ateb Lucie

a) *Ensym bacteriol sy'n torri DNA un edefyn ar ddilyniant pâr o fasau penodol.* ✓

b) *Mae'r un DNA yn cael ei dorri â gwahanol ensymau ac mae cyfanswm maint y darnau sy'n cael eu cynhyrchu gan bob adwaith yn wahanol* ✓, *e.e. 1000 yw cyfanswm darnau EcoRI, ond 1050 yw cyfanswm BamHI er bod yr un DNA wedi'i ddefnyddio.* ✓

c) *1000 yw maint y darn o DNA oherwydd mae cyfanswm y darnau sy'n cael eu cynhyrchu ym mhob treuliad o gwmpas 1000.* ✓ *Dydy PstII ddim yn torri'r DNA felly does dim dilyniant adnabod ar gyfer PstII yn y sampl, oherwydd mae nifer a maint y darnau sy'n cael eu cynhyrchu yr un fath ag wrth ddefnyddio EcoRI ar ei ben ei hun.* ✓

Mae HindII yn torri o fewn y darn EcoRI 450 pb oherwydd pan mae'r ddau ensym yn cael eu defnyddio dydy'r darn 450 pb ddim yn bresennol mwyach, ond mae dau ddarn â chyfanswm o 450 pb yn bresennol. ✓

SYLWADAU'R MARCIWR

Gallai Lucie hefyd ddod i'r casgliad bod EcoRI a BamHI yn torri'r DNA unwaith yn unig, oherwydd maen nhw'n cynhyrchu dau ddarn. Mae SnaI yn torri ddwywaith oherwydd mae'n cynhyrchu tri darn.

Mae Lucie yn cael 6/6 marc

Ateb Ceri

a) Ensym sy'n torri DNA.

SYLWADAU'R MARCIWR

Mae angen mwy o fanylder yn y diffiniad, e.e. Torri DNA ar ddilyniant penodol mae'n ei adnabod.

b) Mae darnau o wahanol faint yn cael eu cynhyrchu wrth ddefnyddio gwahanol ensymau.

SYLWADAU'R MARCIWR

Mae angen i Ceri gynnwys enghreifftiau penodol i ategu'r ateb, e.e. y darnau'n rhoi cyfanswm o 1000 o barau o fasau wrth eu torri nhw ag EcoRI, ond 1025 wrth eu torri nhw â SnaI.

c) Rhaid bod y DNA tua 1000 o fasau o hyd.

SYLWADAU'R MARCIWR

Mae'r casgliadau'n ddilys ond dylai hi eu cyfiawnhau nhw, e.e. mae'r DNA tua 1000 o fasau o hyd oherwydd mae'r darnau sy'n cael eu cynhyrchu'n adio i 1000 ag EcoRI ond 1025 â SnaI.

Does dim safle i'r PstII ei dorri o fewn y DNA, oherwydd mae'r canlyniad yr un fath wrth ddefnyddio EcoRI ac EcoRI gyda PstII. ✓ Mae'r ensymau eraill yn torri unwaith ond mae'n rhaid bod SnaI yn torri ddwywaith oherwydd mae'n cynhyrchu tri darn. ✓

Mae Ceri yn cael 2/6 marc

CYNGOR

Cofiwch ddefnyddio tystiolaeth i gyfiawnhau eich casgliadau.

Opsiwn A: Imiwnoleg a chlefydau

Crynodeb o'r testun

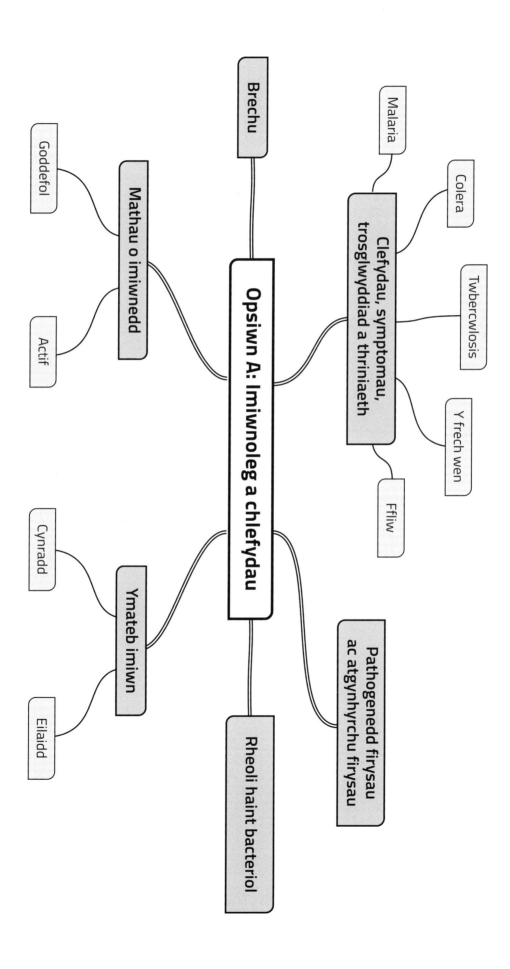

Cwestiynau ymarfer

C1

[AA1]

Gwahaniaethwch rhwng y termau canlynol.

a) Epidemig ac endemig. (2)

b) Antigen a gwrthgorff. (2)

c) Bacterioleiddiol a bacteriostatig, gan roi enghreifftiau. (3)

ch) Imiwnedd goddefol ac actif, gan esbonio manteision ac anfanteision pob un. (4)

C2

[AA2, AA1, S]

Mae Riffampicin yn wrthfiotig sbectrwm eang sy'n benodol yn atal yr ensym sy'n gyfrifol am drawsgrifio DNA, sef RNA polymeras DNA-ddibynnol bacteriol. Mae'n facterioleiddiol i facteria Gram-positif a Gram-negatif mewngellol ac allgellol, ac mae'n actif yn erbyn *Mycobacterium tuberculosis*. Rydyn ni'n aml yn ei ddefnyddio ar y cyd â gwrthfiotigau eraill i drin twbercwlosis, sy'n golygu y gallwn ni ddefnyddio'r therapi cyfunol dros gwrs byrrach o chwe mis.

a) Awgrymwch sut mae Riffampicin yn lladd bacteria. (3)

....

....

....

....

b) Gwahaniaethwch rhwng modd gweithredu riffampicin a thetraseiclin. (3)

....

....

....

....

....

c) Awgrymwch pam rydyn ni'n defnyddio therapi cyfunol i drin twbercwlosis. (2)

....

....

....

[AA1, AA2]

C3 Mae pum dosbarth o wrthgyrff (imiwnoglobwlinau) yn cael eu cynhyrchu fel ymateb i wahanol antigenau. Dau o'r rhai mwyaf cyffredin sy'n cael eu cynhyrchu fel ymateb i firws yw IgM ac IgG. Mae IgM i'w gael yn bennaf yn y gwaed a hylif lymff, a hwn yw'r gwrthgorff cyntaf i'r corff ei wneud i frwydro yn erbyn haint newydd, ac IgG yw'r math mwyaf helaeth o wrthgorff. Mae i'w gael yn holl hylifau'r corff ac mae'n amddiffyn rhag heintiau firol a bacteriol. Mae'r graff isod yn dangos lefelau IgM ac IgG ar ôl haint firol.

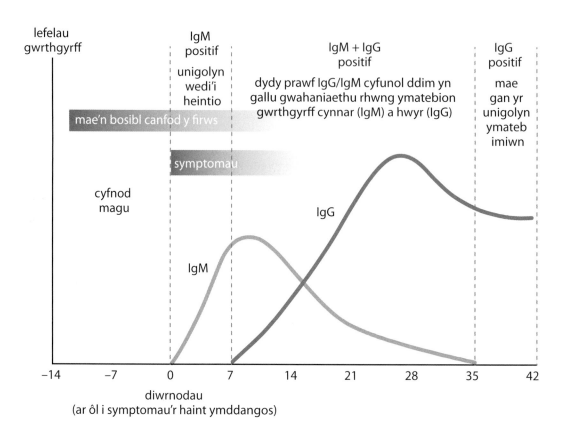

a) Enwch y math o ymateb sydd i'w weld. Esboniwch eich ateb. (2)

....

....

....

b) Yn y lle gwag isod, lluniadwch ddiagram wedi'i anodi'n llawn o foleciwl gwrthgorff. (3)

c)   Disgrifiwch y prosesau sy'n digwydd yn ystod yr ymateb rydych chi wedi'i enwi yn rhan a). (4)

ch)   Defnyddiwch y graff, y wybodaeth sydd wedi'i rhoi, a'ch gwybodaeth eich hun, i awgrymu beth yw rôl IgM ac IgG yn yr ymateb imiwn. (5)

Dadansoddi cwestiynau ac atebion enghreifftiol

C&A 1

[a & b = AA1, c = AA2]

Mae'r graff yn dangos crynodiad gwrthgyrff yn y gwaed ar ôl dod i gysylltiad â'r un antigen ddwywaith:

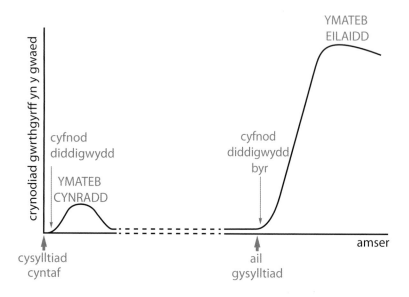

a) Nodwch sut mae gwrthgyrff yn cael eu cynhyrchu. (1)

b) Esboniwch pam mae crynodiad y gwrthgyrff yn y gwaed yn uwch ar ôl dod i gysylltiad â'r antigen am yr ail dro nag ar ôl y tro cyntaf. (3)

c) Mae gan bob gwrthgorff yr un moleciwl siâp Y. Esboniwch sut maen nhw'n gallu rhwymo wrth antigenau penodol. (2)

Ateb Lucie

a) Mae gwrthgyrff yn cael eu gwneud gan yr ymateb hylifol gan y lymffocytau B. ✓

b) Ar ôl dod i gysylltiad â'r antigen am y tro cyntaf, mae angen i facroffagau amlyncu'r antigen estron ac ymgorffori'r antigenau yn eu cellbilenni eu hunain yn ystod yr amser o'r enw cyfnod diddigwydd. ✓

> **SYLWADAU'R MARCIWR**
> Dylai Lucie gynnwys y ffaith bod celloedd T cynorthwyol yn secretu cytocinau sy'n sbarduno celloedd plasma B i gynhyrchu gwrthgyrff, sy'n cymryd amser.

Ar ôl dod i gysylltiad yr ail dro, mae celloedd cof yn cyflawni ehangiad clonaidd yn llawer cyflymach nag ar ôl dod i gysylltiad y tro cyntaf oherwydd dydy cyflwyniad yr antigen ddim yn digwydd, felly mae mwy o wrthgyrff yn cael eu gwneud yn llawer cyflymach. ✓

c) Mae safle rhwymo'r antigen yn cynnwys cadwyn polypeptid newidiol ✓ sydd â siâp penodol sy'n gyflenwol i'r antigen. ✓

Mae Lucie yn cael 5/6 marc

Ateb Ceri

a) Mae gwrthgyrff yn cael eu gwneud gan yr ymateb hylifol

SYLWADAU'R MARCIWR

Dylai Ceri roi ateb llawnach sy'n cynnwys y lymffocytau B.

b) Mae'r crynodiad yn uwch ar ôl dod i gysylltiad â'r antigen yr ail dro oherwydd bod celloedd cof yn cyflawni ehangiad clonaidd yn llawer cyflymach nag ar ôl dod i gysylltiad y tro cyntaf gan nad oes angen i facroffagau amlyncu'r antigen estron ac ymgorffori'r antigenau yn eu cellbilenni eu hunain. ✓

SYLWADAU'R MARCIWR

Mae angen i Ceri gynnwys y ffaith bod angen i gelloedd T cynorthwyol secretu cytocinau yn ystod yr ymateb cynradd er mwyn sbarduno celloedd plasma B i gynhyrchu gwrthgyrff, sy'n cymryd amser. Oherwydd bod yr ymateb eilaidd yn digwydd yn gyflymach, mae'n gallu cynhyrchu mwy o wrthgyrff.

c) Mae pob gwrthgorff yn wahanol ac â siâp cyflenwol i'r antigen. ✓

SYLWADAU'R MARCIWR

Dydy Ceri ddim yn esbonio sut mae hyn yn cael ei gyflawni, h.y. oherwydd y rhan polypeptidau newidiol yn safle rhwymo'r antigen.

Mae Ceri yn cael 2/6 marc

CYNGOR

Mae'n bwysig gwneud cymhariaeth os yw'r cwestiwn yn gofyn am wahaniaethau, a chynnwys enghreifftiau.

Opsiwn B: Anatomi cyhyrsgerbydol dynol

Crynodeb o'r testun

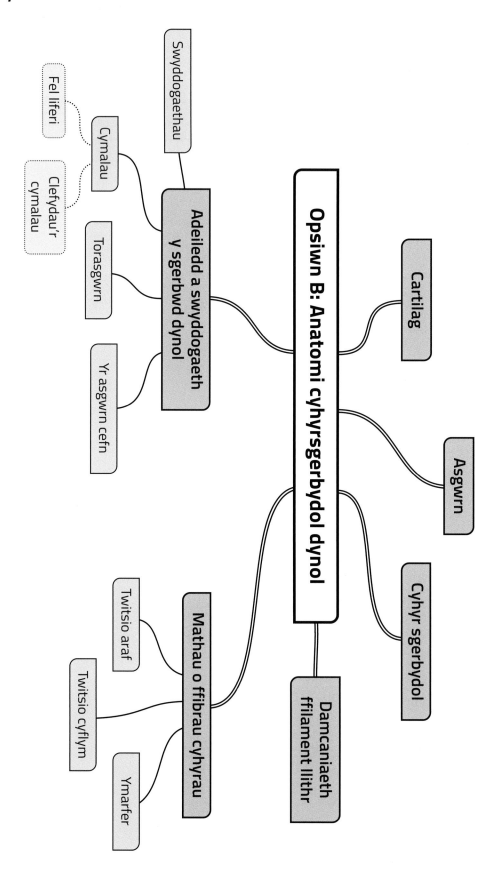

Cwestiynau ymarfer

[AA2, AA1, S]

C1 Mae'r diagramau canlynol yn dangos adeiledd cartilag melyn elastig a chartilag gwyn ffibrog:

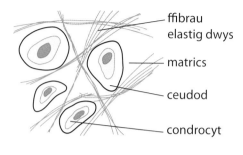

Cartilag melyn elastig

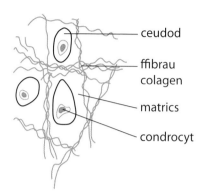

Cartilag gwyn ffibrog

a) Nodwch y math o feinwe y mae cartilag yn perthyn iddo. (1)

b) Esboniwch sut mae adeiledd y cartilag melyn elastig a'r cartilag gwyn ffibrog yn ei gwneud hi'n bosibl iddynt gyflawni eu swyddogaeth. (4)

c) Esboniwch pam mae niwed i gartilag yn cymryd amser hir i wella. (2)

[AA2, AA1]

C2 Mae'r llun isod yn dangos darn o fyoffibrolyn.

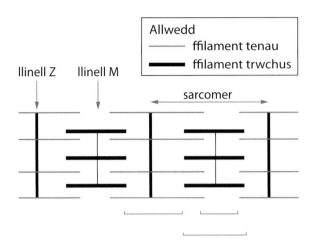

a) Labelwch ar y diagram y bandiau A ac I, a'r rhan H. (2)

b) Nodwch beth sy'n digwydd i'r bandiau A ac I a'r rhan H rydych chi wedi'u labelu, yn ystod cyfangiad cyhyr. (2)

c) Esboniwch swyddogaeth ATP mewn cyfangiad cyhyrol. (3)

ch) Rydyn ni'n defnyddio blocwyr sianeli calsiwm i drin cyflyrau cardiofasgwlar fel gorbwysedd, drwy achosi i rydwelïau ymagor, sy'n lleihau'r pwysedd ynddynt ac yn ei gwneud hi'n haws i'r galon bwmpio gwaed. Defnyddiwch eich gwybodaeth am y ddamcaniaeth ffilament llithr i awgrymu sut maen nhw'n gweithio. (4)

C3

[M, AA1]

Mae cyrlio'r cyhyr deuben yn enghraifft o lifer gradd 3. Mae'r diagram isod yn dangos y grymoedd sy'n ymwneud â hyn:

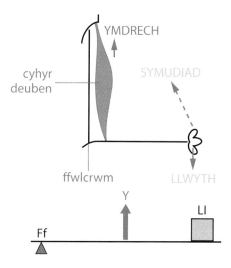

Os yw lifer mewn ecwilibriwm, $F_1 \times d_1 = F_2 \times d_2$

Lle F_1 = llwyth, d_1 = pellter o'r ffwlcrwm (penelin) i'r llwyth, F_2 = ymdrech, a d_2 = pellter o'r ffwlcrwm (penelin) i fewnosodiad y cyhyr deuben. Tybiwch fod 1 kg = 9.8 newton.

a) Nodwch beth yw ystyr lifer. (1)

....

b) Cyfrifwch y grym sy'n cael ei roi gan yr ymdrech sydd ei angen i ddal y llwyth mewn ecwilibriwm os yw'r llwyth = 20 kg, y pellter o'r ffwlcrwm (penelin) i'r llwyth yn 0.38 m, a'r pellter o'r ffwlcrwm (penelin) i fewnosodiad y cyhyr deuben yn 0.05 m. Dangoswch eich gwaith cyfrifo. (2)

Ateb ....

c) Cyfrifwch y llwyth mwyaf y byddai'n bosibl ei ddal os yw uchafswm cryfder codi'r cyhyr (yr ymdrech) yn 2500 newton. Dangoswch eich gwaith cyfrifo. (2)

Ateb ....

C4

[AA1]

Mae cyhyr sgerbydol wedi'i wneud o ffibrau cyhyrau, sef celloedd hir tenau sy'n cynnwys llawer o gnewyll. Mae pob ffibr yn cynnwys llawer o fyoffibrolion.

a) Disgrifiwch ddau wahaniaeth rhwng ffibrau cyhyrau twitsio araf a thwitsio cyflym. (2)

b) Rydyn ni wedi dangos bod y math o ymarfer corff y mae rhedwyr marathon yn ei wneud yn cynyddu cyfrannau cymharol ffibrau twitsio araf. Nodwch un newid arall sy'n digwydd i gyhyrau yn ystod ymarfer dygnwch, ac esboniwch y budd i redwr marathon. (2)

c) Yn ystod ymarfer corff, y brif ffynhonnell egni yw glycogen cyhyr, sy'n cael ei storio mewn cyhyrau. Disgrifiwch sut mae'r corff yn defnyddio storfa arall ar ôl defnyddio'r glycogen i gyd a chyn dechrau resbiradu'n anaerobig. (2)

Dadansoddi cwestiynau ac atebion enghreifftiol

C&A 1

[a = AA2, b = AA1]

Mae'r diagram isod yn dangos tri gwahanol doriad drwy fyoffibrolyn gan ddangos trefniad y myoffilamentau:

   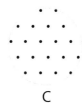

A B C

a) Nodwch pa ddiagram A, B neu C sy'n cynrychioli'r rhan H. Esboniwch eich ateb. (2)

b) Yn ystod ymarfer corff egnïol, mae cyhyrau'n gallu resbiradu'n anaerobig dros dro. Esboniwch pam mae hi'n bwysig bod cyhyrau athletwr yn trawsnewid pyrwfad yn lactad (asid lactig) a beth sy'n digwydd i gyfangiad cyhyrau os yw lactad yn cronni. (3)

Ateb Lucie

a) Diagram C. ✓ Mae hyn oherwydd mai dim ond y ffilamentau myosin mwy trwchus sy'n weladwy, ac mae'r rhain yn y rhan H. ✓

b) Mae'n caniatáu i glycolysis barhau, oherwydd bod NAD yn cael ei atffurfio ✓ wrth rydwytho pyrwfad i ffurfio lactad. ✓ Pe bai lactad yn cronni, byddai hyn yn atal ïonau clorid, sy'n rheoli cyfangiadau cyhyrau, gan achosi cyfangiad parhaus sy'n arwain at gramp. ✓

Mae Lucie yn cael 5/5 marc

Ateb Ceri

a) Diagram C. ✓ Mae hyn oherwydd ei fod yn edrych yn dywyllach fel y rhan H. ✗

SYLWADAU'R MARCIWR

Er ei fod yn edrych yn dywyllach, mae angen i Ceri gysylltu hyn â'r math o ffibrau sy'n bresennol, h.y. myosin yn unig.

b) Mae'n caniatáu i ddyled ocsigen ddatblygu.

SYLWADAU'R MARCIWR

Er bod dyled ocsigen yn datblygu, mae angen i Ceri fynd ymhellach i esbonio beth sy'n digwydd o ganlyniad i hyn, h.y. bod NAD yn cael ei atffurfio, sy'n caniatáu i glycolysis barhau. Hefyd, mae angen i Ceri ddweud sut mae lactad yn cronni yn effeithio ar gyfangiad cyhyrau.

Mae Ceri yn cael 1/5 marc

CYNGOR

Darllenwch y cwestiwn yn ofalus ac esboniwch eich ateb yn llawn.

Opsiwn C: Niwrofioleg ac ymddygiad

Crynodeb o'r testun

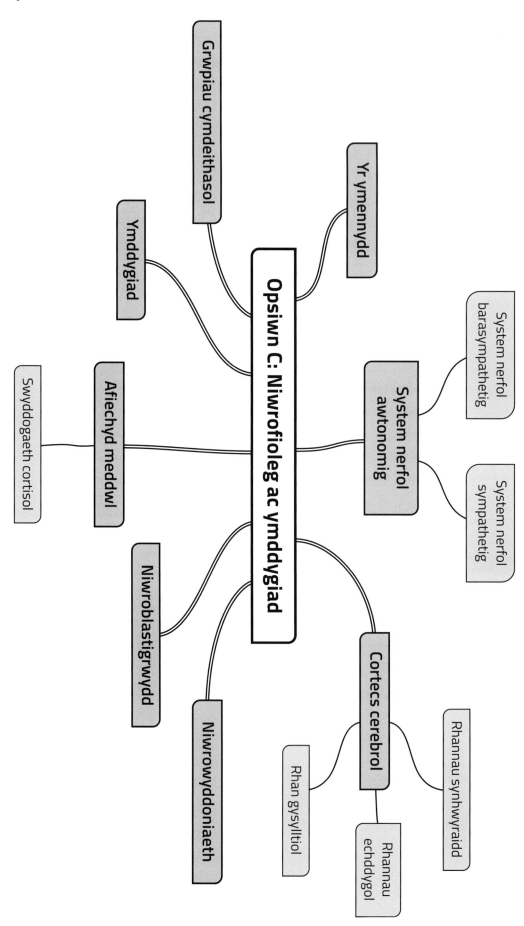

Cwestiynau ymarfer

C1

[AA2, AA1, AA3]

Mae'r diagram isod yn dangos rhannau gweithredol yr ymennydd:

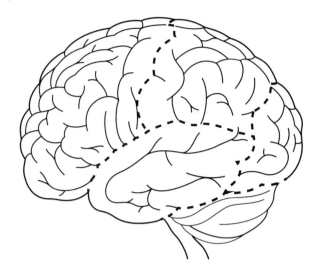

a) Mae delweddu cyseiniant magnetig gweithredol yn dechneg i archwilio actifedd meinwe'r ymennydd mewn amser real. Ar y diagram, tywyllwch a labelwch y brif ran/y prif rannau â'r llythyren gyfatebol y byddech chi'n disgwyl iddynt ddangos signal positif, sy'n dangos actifedd, ar ôl symbyliad o:

    i)   A – edrych ar ffotograff. (1)

    ii)   B – blasu bwyd. (1)

    iii) C – siarad. (1)

b) Gwahaniaethwch rhwng y termau canlynol:

    i)   Systemau nerfol sympathetig a pharasympathetig. (4)

    ii)   Cerebrwm a cerebelwm. (2)

c) Mae disgybl yn cynnal arbrawf i fesur effeithiau straen ar lefelau cortisol a glwcos yng ngwaed llygoden fawr labordy. Mae'r canlyniadau i'w gweld isod:

Gweithred	Lefelau cortisol y gwaed ng/ml	Lefelau glwcos y gwaed mg/dl
Wrth orffwys	4	110
30 munud ar ôl digwyddiad straen	16	180
60 munud ar ôl digwyddiad straen	8	305
120 munud ar ôl digwyddiad straen	5	120

i) Pa gasgliadau allwch chi eu ffurfio o'r arbrawf ynglŷn ag effeithiau straen ar lefelau cortisol a glwcos yn y gwaed mewn llygod mawr? Esboniwch eich ateb. (5)

....

....

....

....

....

....

ii) Rhowch sylwadau ynglŷn â pha mor ddibynadwy yw'r arbrawf, gan awgrymu gwelliannau. (3)

....

....

....

....

C2

[AA1]

Esboniwch sut mae'r gwahanol fathau o ymddygiad yn bwysig i organebau i'w hamddiffyn eu hunain, dod o hyd i fwyd, atgenhedlu a datblygu sgiliau. [9 AYE]

[AA1]

Esboniwch sut mae'r gwahanol fathau o ymddygiad yn bwysig i organebau i'w hamddiffyn eu hunain, dod o hyd i fwyd, atgenhedlu a datblygu sgiliau. [9 AYE]

Uned 4: Amrywiad, Etifeddiad ac Opsiynau

Dadansoddi cwestiynau ac atebion enghreifftiol

C&A 1 [a ac c = AA1, b = AA2]

a) Esboniwch y gwahaniaeth rhwng tacsis a chinesis. (1)

b) Mae unigolyn mewn damwain car yn dioddef niwed i'w flaen-ymennydd. Esboniwch pam byddai'n anodd i'r unigolyn hwn ffurfio atgofion parhaol, ond y byddai'n llai tebygol o ddioddef straen. (2)

c) Defnyddiwch enghreifftiau i wahaniaethu rhwng cyflyru clasurol a gweithredol. (2)

Ateb Lucie

a) Does gan ginesis ddim cyfeiriad, ond mewn tacsis mae perthynas rhwng y cyfeiriad symud a chyfeiriad yr ysgogiad, naill ai tuag ato neu oddi wrtho. ✓

b) Mae'r hipocampws wedi'i leoli yn y blaen-ymennydd ac mae'n ymwneud â chyfuno atgofion mewn storfa barhaol. Os caiff hwn ei niweidio, fydd yr unigolyn ddim yn gallu gwneud hyn. ✓ Mae hefyd yn gyfrifol am gynhyrchu cortisol, sef hormon straen.

> **SYLWADAU'R MARCIWR**
> Mae angen i Lucie wneud cysylltiad clir rhwng niwed i'r hipocampws a'i swyddogaeth yn rheoli cynhyrchu cortisol o'r chwarennau adrenal.

c) Mae cyflyru clasurol yn ymwneud â chysylltu ysgogiad naturiol ag ysgogiad artiffisial i gynhyrchu'r un ymateb, e.e. ci yn ffurfio cysylltiad rhwng canu cloch a bwyd, ✓ ond mae cyflyru gweithredol yn ymwneud â chysylltu ymddygiad penodol â gwobr neu gosb, e.e. llygod yn dysgu pwyso lifer i gael bwyd (gwobr) neu i atal sŵn uchel (cosb). ✓

Mae Lucie yn cael 4/5 marc

Ateb Ceri

a) Does gan ginesis ddim cyfeiriad; mae gan dacsis gyfeiriad.

> **SYLWADAU'R MARCIWR**
> Mae tacsis yn golygu symudiad sy'n dibynnu ar gyfeiriad yr ysgogiad.

b) Gallai fod yr hipocampws wedi'i niweidio, a hwnnw sy'n gyfrifol am ffurfio atgofion. ✓ Mae hefyd yn gyfrifol am gynhyrchu cortisol.

> **SYLWADAU'R MARCIWR**
> Mae angen cynnwys swyddogaeth cortisol.

c) Mewn cyflyru clasurol, mae ci'n dysgu i ffurfio cysylltiad rhwng canu cloch a bwyd, ond mewn cyflyru gweithredol, mae llygod yn dysgu i bwyso lifer i gael bwyd. ✓

> **SYLWADAU'R MARCIWR**
> Dylai Ceri gynnwys y prif wahaniaeth rhwng y ddau fath o gyflyru, h.y. bod cyflyru clasurol yn ymwneud â chysylltu ysgogiad naturiol ag ysgogiad artiffisial i gynhyrchu'r un ymateb ond bod cyflyru gweithredol yn ymwneud â chysylltu ymddygiad penodol â gwobr neu gosb.

Mae Ceri yn cael 2/5 marc

> **CYNGOR**
> Wrth wahaniaethu rhwng dau derm, gwnewch yn siŵr eich bod chi'n cynnwys manylion am y ddau derm.

Papurau enghreifftiol

Uned 3: Papur enghreifftiol – Egni, Homeostasis a'r Amgylchedd

90 marc, 2 awr

 C1 Mae ATP yn perthyn i grŵp o foleciwlau o'r enw niwcleotidau.

a) Yn y lle gwag isod, lluniadwch ddiagram wedi'i labelu'n llawn o foleciwl ATP. (3)

b) Nodwch beth yw ystyr ffosfforyleiddio glwcos, ac esboniwch pam mae hyn yn ei gwneud hi'n haws hollti'r moleciwl glwcos. (3)

c) Cymharwch synthesis ATP mewn mitocondria a chloroplastau. (4)

C2 Mae'r micrograff electron isod yn dangos cloroplast:

a) Ar y diagram, labelwch ble mae'r adweithiau golau-ddibynnol a golau-annibynnol yn digwydd. (2)

b) Disgrifiwch ***ddau*** addasiad i gloroplast sy'n caniatáu iddynt amsugno cymaint o olau ag sy'n bosibl. (2)

c) Gwahaniaethwch rhwng ffotoffosfforyleiddiad cylchol ac anghylchol. (3)

C3 Mae'r diagram isod yn dangos neffron mewn aren:

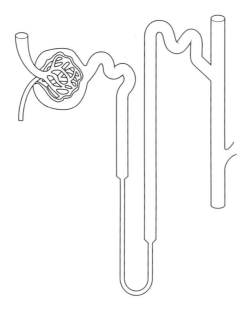

a) Ar y diagram, labelwch yr adeileddau canlynol. (2)

i) Glomerwlws

ii) Tiwbyn troellog procsimol

iii) Dolen Henle.

b) Esboniwch dri addasiad sydd i'w cael yn y glomerwlws a chwpan Bowman sy'n caniatáu i uwch-hidlo ddigwydd. (3)

....

....

....

....

....

....

c) Mae arbrawf yn cael ei gynnal i fesur crynodiad ïonau sodiwm mewn gwahanol fannau ar hyd y neffron. Mae'r canlyniadau i'w gweld isod:

Rhan o'r neffron	Crynodiad ïonau sodiwm yn yr hidlif / mmol dm^{-3}	Canran yr ïonau sodiwm sy'n weddill / %
Dechrau'r tiwbyn troellog procsimol	155	100
Diwedd y tiwbyn troellog procsimol	158	55
Dechrau'r tiwbyn troellog distal	55	15

i) Esboniwch y rhesymau pam mae canran yr ïonau sodiwm yn gostwng wrth fynd ar hyd y neffron. (3)

ii) Esboniwch pam dydyn ni ddim yn gweld gostyngiad yng nghrynodiad ïonau sodiwm drwy'r tiwbyn troellog procsimol. (2)

iii) Esboniwch sut byddai cynyddu hormon gwrthddiwretig (ADH) yn effeithio ar grynodiad ïonau sodiwm yn y gwaed. (3)

C4 Mae arbrawf yn cael ei gynnal i ymchwilio i effaith ADH ar gynhyrchu troeth mewn llygoden fawr labordy. Mae cyfradd cynhyrchu troeth yn cael ei mesur bob pum munud dros gyfnod o 45 munud ac mae'r canlyniadau i'w gweld isod. Ddeg munud ar ôl dechrau'r arbrawf, mae ADH yn cael ei chwistrellu i wythïen y llygoden fawr.

Amser / munudau	Cyfradd cynhyrchu troeth / mm^{-3} mun^{-1}
0	4.5
5	4.5
10	4.4
15	3.0
20	2.1
25	1.4
30	0.9
35	1.5
40	2.4
45	3.5

a) Awgrymwch pam dydy'r pigiad ADH ddim yn cael ei roi tan ddeg munud ar ôl dechrau'r arbrawf. (1)

....

....

b) Lluniadwch graff i ddangos y canlyniadau. (5)

c)   Lluniwch gasgliadau o'r canlyniadau sydd i'w gweld. Esboniwch eich ateb. (5)

ch) Awgrymwch welliannau i'r arbrawf. (2)

C5 Mae eplesydd yn cael ei ddefnyddio i dyfu bacteria mewn cyfrwng sy'n cynnwys glwcos dros gyfnod o 24 awr. Mae 1 cm³ yn cael ei dynnu bob pedair awr i gyfrifo nifer y celloedd bacteria a mesur crynodiad y glwcos. Mae'r canlyniadau i'w gweld yn y graff isod:

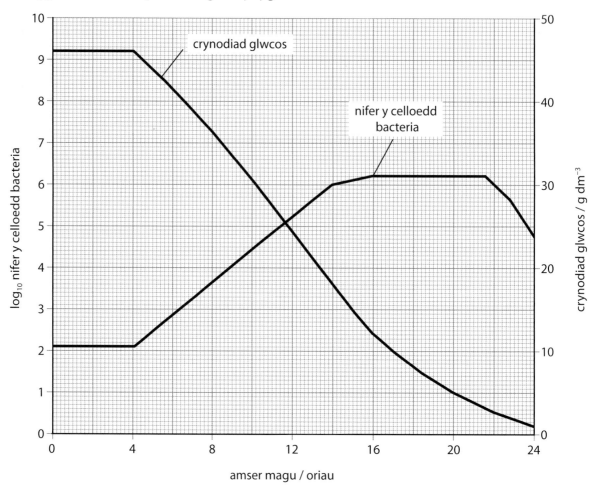

a) Disgrifiwch y berthynas rhwng niferoedd y celloedd bacteria yn y meithriniad a chrynodiad y glwcos yn y meithriniad o 0 i 20 awr. (3)

....

....

....

....

b) Awgrymwch reswm dros y berthynas sydd i'w gweld rhwng nifer y celloedd bacteria a chrynodiad y glwcos o 16 i 20 awr. (2)

....

....

....

c) Cyfrifwch nifer y cenedlaethau bacteria sy'n cael eu cynhyrchu rhwng 4 awr a 12 awr, gan ddefnyddio'r fformiwla isod. Dangoswch eich gwaith cyfrifo. (3)

$$n = \frac{\log_{10} N_1 - \log_{10} N_0}{\log_{10} 2}$$

lle mae n = nifer y cenedlaethau

N_0 = nifer y celloedd ar ôl 4 awr

N_1 = nifer y celloedd ar ôl 12 awr

$\log_{10} 2$ (amser dyblu) = 0.6

Nifer y cenedlaethau = ...

ch) Esboniwch y canlyniadau sydd i'w gweld ar ôl 22 awr. (3)

....

....

....

....

....

C6 Mae'r diagramau canlynol yn dangos trefn rhai rhannau o ffosfforyleiddiad ocsidiol NADH ac FADH yn y gadwyn trosglwyddo electronau, ac yng nghylchred Krebs.

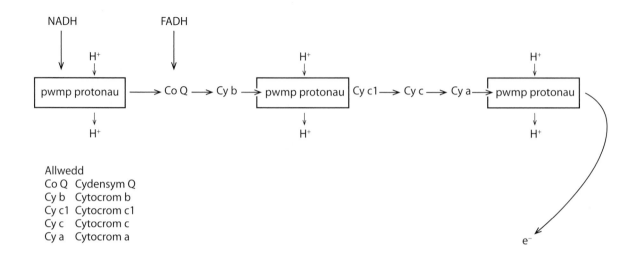

Allwedd
Co Q   Cydensym Q
Cy b   Cytocrom b
Cy c1 Cytocrom c1
Cy c   Cytocrom c
Cy a   Cytocrom a

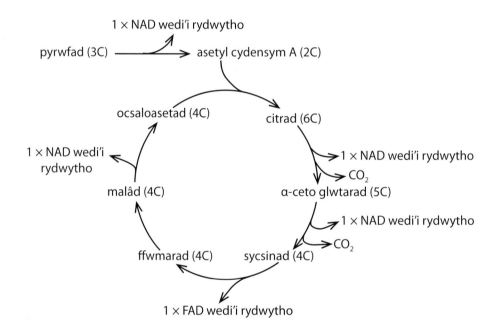

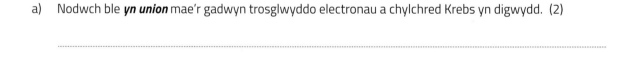

a) Nodwch ble **yn union** mae'r gadwyn trosglwyddo electronau a chylchred Krebs yn digwydd. (2)

....

....

b) Gan ddefnyddio eich gwybodaeth a'r diagram, esboniwch y gwahaniaeth rhwng cynnyrch ATP o NADH ac FADH. (6)

c) Gan ddefnyddio eich gwybodaeth a'r ***ddau*** ddiagram, esboniwch pam mai dim ond 5 ATP sy'n dod o ocsidio un moleciwl sycsinad. (3)

ch) Mae crynodiad ocsaloasetad uchel yn atal yr ensym sy'n cataleiddio'r broses o drawsnewid sycsinad yn ffwmarad. Esboniwch sut mae crynodiad ocsaloasetad uchel yn effeithio ar gylchred Krebs ac awgrymwch pam gallai hyn fod yn fuddiol i'r organeb. (6).

C7 Mae'r graff isod yn dangos cyfanswm allyriadau carbon deuocsid a nwyon tŷ gwydr y Deyrnas Unedig o 1990 i 2018:

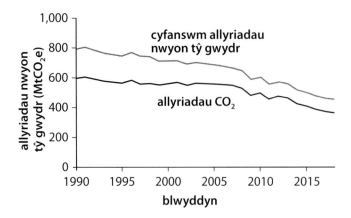

Awgrymwch pa fesurau sydd wedi cael eu defnyddio yn y Deyrnas Unedig i leihau allyriadau, a sut mae hyn wedi effeithio ar ffiniau'r blaned. [9AYE]

C8

a) Mae platio rhesennog (*streak plating*) yn dechneg sy'n cael ei defnyddio i drosglwyddo niferoedd mawr o feithriniadau bacteria i blât agar maetholion, gan leihau eu niferoedd â phob rhesen. Disgrifiwch dechneg platio rhesennog, gan gynnwys y rhagofalon y mae angen eu cymryd i sicrhau bod hyn yn cael ei wneud mewn modd aseptig. (4)

....

....

....

....

b) Mae 1 cm^3 o ddaliant o facteria Gram-positif yn cael ei daenu'n wastad ar blât agar gan ddefnyddio rhoden daenu wydr. Ar ôl 30 munud, mae disgiau papur sydd â phedwar gwahanol wrthfiotig arnynt, I, II, III a IV, yn cael eu rhoi'n ofalus ar y plât, gan sicrhau bod bylchau cyfartal rhwng pob un. Yna, mae'r weithdrefn yn cael ei hailadrodd gan ddefnyddio daliant o facteria Gram-negatif, ac mae'r ddau blât yn cael eu magu ar 30°C am 48 awr. Dyma sut mae'r ddau blât yn edrych ar ôl y cyfnod magu:

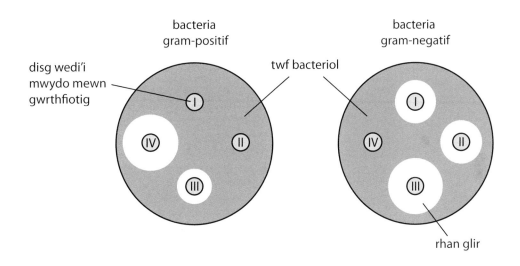

i) Pa mor effeithiol oedd pob gwrthfiotig yn erbyn y ddau wahanol fath o facteria? Esboniwch eich ateb. (3)

....

....

....

....

ii) Awgrymwch pa wrthfiotig yw penisilin. Rhowch reswm dros eich dewis. (3)

....

....

....

Uned 4: Papur enghreifftiol – Amrywiad, Etifeddiad ac Opsiynau

Adran A 70 marc

Opsiynau Adran B – dewiswch un adran i ateb 20 marc

Cyfanswm 90 marc, 2 awr.

Dylech chi dreulio 25 munud ar Adran B

 C1 Mae'r diagram isod yn dangos yr organau cenhedlu dynol gwrywol:

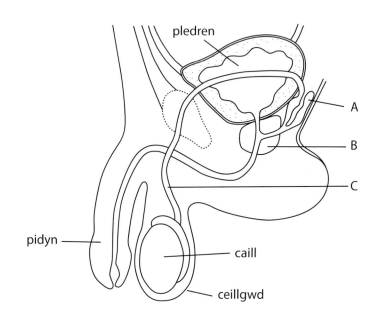

a) Enwch yr adeileddau canlynol, a nodwch eu swyddogaeth. (6)

i) A ....

Swyddogaeth

....

....

ii) B ....

Swyddogaeth

....

....

iii) C ....

Swyddogaeth

....

....

b)   Mae astudiaeth ddiweddar wedi canfod bod nifer y dynion â chyfrif sberm uwch yn lleihau, a bod nifer y dynion â chyfrif sberm isel yn cynyddu'n uwch na'r cyfartaledd cyfrif sberm gostyngol (*average reduced sperm count*). Awgrymwch esboniad i'r canfyddiadau, a rhywbeth a allai ddigwydd o ganlyniad. (2)

....

....

....

....

c)   Mae'r diagram canlynol yn dangos camau sbermatogenesis.

sbermatagonia

↓

sbermatocytau cynradd

↓

sbermatocytau eilaidd

↓

cell X

↓

sbermatasoa

i)   Enwch gell X. (1)

....

ii)   Marciwch yn glir ar y diagram pa gell(oedd) sy'n haploid. (1)

iii)   Esboniwch sut mae proses cellraniad rhwng sbermatogonia a sbermatocytau cynradd yn wahanol i'r broses rhwng sbermatocytau cynradd ac eilaidd. (3)

....

....

....

....

iv)   Esboniwch sut mae sbermatosoa wedi addasu ar gyfer eu swyddogaeth. (3)

....

....

....

C2 Mae ffenylcetonwria (PKU) yn gyflwr etifeddol prin. Dydy'r dioddefwyr ddim yn gallu ymddatod yr asid amino ffenylalanin, sydd yna'n cronni yn eu gwaed a'u hymennydd ac yn gallu arwain at niwed i'r ymennydd. Pan mae babanod tua 5 diwrnod oed, mae prawf sgrinio smotyn gwaed ar gyfer babanod newydd-anedig yn cael ei gynnig i brofi am PKU, sy'n cynnwys pigo sawdl y baban i gasglu diferion gwaed i'w profi.

a) Yn y lle gwag isod, lluniadwch adeiledd moleciwl asid amino nodweddiadol. Labelwch y grwpiau gweithredol. (3)

b) Mae PKU yn deillio o fwtaniad pwynt yn y genyn PAH. Hyd yn hyn, rydyn ni wedi canfod dros 520 o wahanol fwtaniadau.

   i) Esboniwch beth yw ystyr y term mwtaniad pwynt a beth sy'n digwydd o ganlyniad iddo. (4)

   ii) Esboniwch pam mae mwtaniad pwynt yn gallu digwydd yn DNA unigolyn, ond heb ei fod o reidrwydd yn arwain at glefyd fel PKU. (3)

c)   Mae'r diagram tras isod yn dangos achosion o PKU mewn teulu:

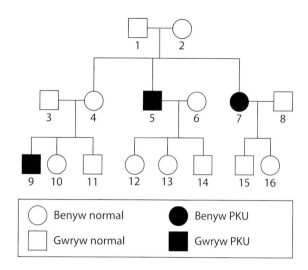

i)   Pa gasgliad gallwch chi ei ffurfio am etifeddiad PKU? Esboniwch eich ateb. (3)

....

....

....

....

ii)   Cyfrifwch y siawns bod rhieni 1 a 2 yn cael plentyn gwrywol â PKU. (2). Esboniwch eich ateb.

....

....

....

ch) Esboniwch sut gellid defnyddio PCR i brofi am bresenoldeb PKU. (4)

....

....

....

....

....

....

C3

Yn yr oes Pleistosen (2.8 miliwn o flynyddoedd i 11,700 o flynyddoedd yn ôl) caeodd Culdir Panama gan wahanu basnau Dwyrain y Môr Tawel a'r Môr Caribî. O ganlyniad i hyn, esblygodd dwy rywogaeth wahanol o loÿnnod y môr (*Chaetodontidae*), sef glöyn y môr sgriblog (*Chaetodon meyeri*) a'r glöyn y môr addurnog (*Chaetodon ornatissimus*).

Cefnfor Iwerydd

Culdir Panama

Cefnfor Tawel

Glöyn y môr sgriblog

Glöyn y môr addurnog

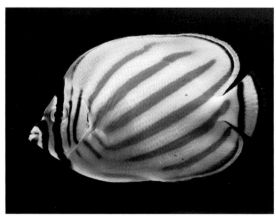

Mae'r glöyn y môr sgriblog wedi'i ddosbarthu yng Nghefnfor India yn bennaf, ac mae'r glöyn y môr addurnog wedi'i ddosbarthu yng Nghanol-Gorllewin y Môr Tawel yn bennaf. Rydyn ni wedi canfod bod y ddwy rywogaeth yn ddisgynyddion i gyd-hynafiad cyn i'r culdir ffurfio.

a) Gan ddefnyddio'r wybodaeth sydd wedi'i rhoi, esboniwch pam gallwn ni ystyried bod *Chaetodon meyeri* a *Chaetodon ornatissimus* yn rhywogaethau sy'n perthyn yn agos i'w gilydd. (3)

....

....

....

....

b)   Amlinellwch ddau brawf pellach bydden ni'n gallu eu cynnal i gadarnhau eu bod nhw'n ddwy rywogaeth wahanol. (2)

....

....

....

....

c)   Gan ddefnyddio'r wybodaeth sydd wedi'i rhoi, esboniwch sut gallai'r ddwy rywogaeth wahanol fod wedi ffurfio. (5)

....

....

....

....

....

....

....

....

C4 Mae pryfed ffrwythau (*Drosophila melanogaster*) yn gallu bod â chorff lliw brown neu ddu, ac ag adenydd hir neu fyr. Alel adenydd hir yw'r ffenoteip trechol, ac mae adenydd byr di-siâp, o'r enw adenydd byr, yn enciliol. Mae lliw corff brown yn drechol dros ddu.

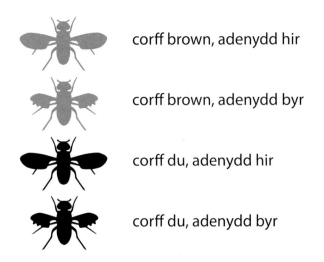

corff brown, adenydd hir

corff brown, adenydd byr

corff du, adenydd hir

corff du, adenydd byr

a) Cwblhewch y diagram genynnol isod i ddangos y genoteipiau a'r ffenoteipiau sydd i'w disgwyl o groesiad rhwng pryf ffrwythau heterosygaidd â chorff lliw brown ac adenydd hir wedi'i groesi â phryf ffrwythau homosygaidd â chorff lliw du ac adenydd byr. (5)

Genoteip y rhieni. .... X ....

Gametau X

Genoteipiau F1

Ffenoteipiau F2

Cymhareb ffenoteip

b) Pan mae pryf ffrwythau heterosygaidd â chorff lliw brown ac adenydd hir yn cael ei groesi â phryf ffrwythau homosygaidd â chorff lliw du ac adenydd byr, mae gan y genhedlaeth gyntaf 26 o bryfed â chyrff brown ac adenydd hir, 6 o bryfed â chyrff brown ac adenydd byr, 5 o bryfed â chyrff du ac adenydd hir a 23 o bryfed â chyrff du ac adenydd byr. Defnyddiwch y tabl isod i gyfrifo χ^2 ar gyfer canlyniadau'r croesiad. (3)

Categori	Arsylwyd (O)	Disgwyliedig (E)			

Gan ddefnyddio'r fformiwla $\chi^2 = \dfrac{\Sigma\,(O-E)^2}{E}$

$\chi^2 =$ ....

c) Defnyddiwch y gwerth χ^2 rydych chi wedi'i gyfrifo a'r tabl tebygolrwydd i ffurfio casgliad ynglŷn â sut mae lliw'r corff a maint yr adenydd yn cael eu hetifeddu. (4)

Graddau o ryddid	p = 0.10	p = 0.05	p = 0.02
1	2.71	3.84	5.41
2	4.61	5.99	7.82
3	6.25	7.82	9.84
4	7.78	9.49	11.67
5	9.24	11.07	13.39

....

....

....

....

....

....

C5 Mae paclobwtrasol (PBZ) yn arafydd twf planhigion sy'n atal biosynthesis giberelin. Mae'n lleihau twf rhyngnodol i roi coesynnau tewach, ac felly'n lleihau'r risg bod coesynnau grawnfwyd yn syrthio drosodd. Mae hefyd yn cynyddu nifer a phwysau'r ffrwythau ar goed. Mae'r isod yn dangos sut mae'n gweithio. Mae PBZ yn gweithio drwy atal ocsidio ent-cawren i asid ent-cawrenoig drwy anactifadu ocsigenas cytocrom P450-ddibynnol.

geranyl deuffosffad
↓
ent-cawren
↓
asid ent-cawrenöig
↓
aldehyd GA12
↓
giberelin

PBZ

Mae arbrawf yn cael ei gynnal i ymchwilio i effaith PBZ ar eginiad a thwf mewn hadau berwr. Mae deuddeg hedyn berwr yn cael eu rhoi ar ddarn o bapur hidlo mewn dysgl Petri, a'u dyfrhau â dŵr distyll, PBZ 10, 50 a 90 mg dm^{-3}, a'u gadael i egino am ddeg diwrnod. Mae'r canran sydd wedi egino a thwf yr eginblanhigion yn cael eu mesur bob 24 awr, ac mae'r eginblanhigion yn cael eu dyfrhau eto. Mae'r canlyniadau i'w gweld isod:

Crynodiad y PBZ / mg dm^{-3}	Nifer yr eginblanhigion berwr sydd wedi egino	Canran sydd wedi egino / %	Uchder yr eginblanhigion / cm	Uchder cymedrig yr eginblanhigion / cm
0	10		8.1, 7.9, 8.0, 7.5, 8.4, 7.5, 8.2, 6.1, 5.9, 8.9	
10	10		5.6, 5.5, 6.4, 6.0, 8.0, 5.3, 5.2, 5.7, 4.9, 5.0	
50	5		3.3, 6.9, 3.4, 2.9, 3.1, 0.0, 0.0, 0.0, 0.0, 0.0	
90	0		0.0, 0.0, 0.0, 0.0, 0.0, 0.0, 0.0, 0.0, 0.0, 0.0	

a) Cwblhewch y tabl i ddangos y canran sydd wedi egino ac uchder cymedrig yr eginblanhigion i un lle degol. (2)

b) Enwch y newidyn annibynnol a'r newidynnau dibynnol yn yr arbrawf hwn. (2)

Newidyn annibynnol

....

Newidyn dibynnol

....

c) Gan ddefnyddio eich gwybodaeth am eginiad a'r wybodaeth sydd wedi'i rhoi, ffurfiwch gasgliadau o'r arbrawf, rhowch sylwadau am fanwl gywirdeb y canlyniadau, ac awgrymwch welliannau. (AYE 9)

Adran B: Papurau opsiynol

Atebwch **un** adran yn unig

20 Marc

Dylech chi dreulio 25 munud ar yr adran hon

Opsiwn A: Imiwnoleg a chlefydau

C6 Mae'r Syndrom Diffyg Imiwnedd Caffaeledig (AIDS: *Acquired Immune Deficiency Syndrome*) yn cael ei achosi gan y Firws Diffyg Imiwnedd Dynol (HIV: *Human Immunodeficiency Virus*). Mae'r firion HIV yn mynd i mewn i facroffagau a chelloedd T cynorthwyol; mae'n gallu dyblygu y tu mewn iddyn nhw, gan barlysu un o brif gydrannau'r system imiwnedd, ac mae'n gallu cuddio rhag gwrthgyrff gwrth-HIV. Ar ôl mynd i mewn i'r gell darged, mae genom RNA y firws yn cael ei drawsnewid yn DNA edefyn dwbl. Mae hyn yn creu DNA firol, sydd yna'n cael ei gludo i mewn i gnewyllyn y gell a'i integreiddio yn DNA y gell gan yr ensym integras, sydd wedi'i amgodio'n firol. Yng nghamau datblygedig haint HIV, mae colli celloedd T cynorthwyol gweithredol yn arwain at gyfnod symptomatig yr haint, sef AIDS.

Micrograff electronau o ronyn HIV

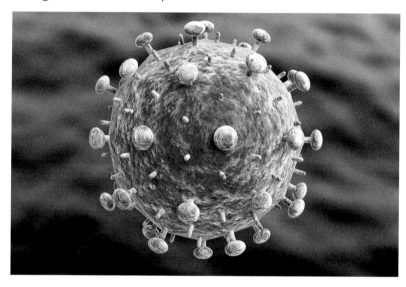

Ymateb imiwn gan glaf iach a chlaf ag AIDS

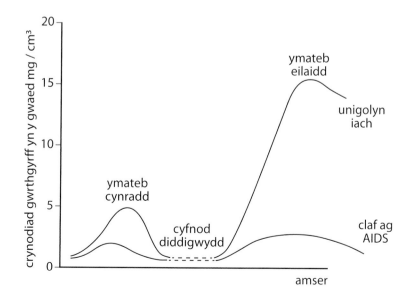

a) Enwch y math o ymateb sy'n cynhyrchu gwrthgyrff. (1)

b) Nodwch gyfanswm nifer, a math, y cadwynau polypeptid sy'n gwneud adeiledd gwrthgorff. (2)

c) Cyfrifwch y cynnydd canrannol mewn lefelau gwrthgyrff rhwng brig yr ymateb cynradd a brig yr ymateb eilaidd. Dangoswch eich gwaith cyfrifo. (2)

Ateb ....

ch) Esboniwch swyddogaeth macroffagau yn yr ymateb imiwn. (2)

d) Gan ddefnyddio eich gwybodaeth am yr ymateb imiwn a'r wybodaeth sydd wedi'i rhoi, atebwch y cwestiynau canlynol.

i) Esboniwch pam dydy'r corff ddim yn gallu brwydro yn erbyn heintiau cyffredin yn ystod cyfnod datblygedig AIDS. (4)

ii) Esboniwch pam na ddylen ni frechu cleifion AIDS â'r brechlyn ffliw. (4)

dd) Mae atalyddion transgriptas gwrthdro niwcleosid (NRTI: *nucleoside reverse transcriptase inhibitors*) yn ddosbarth o gyffuriau gwrth-retrofirol sy'n analogau i fasau niwcleotid. Maen nhw'n gweithredu drwy derfynu cadwynau wrth i'r gadwyn DNA gael ei hestyn yn ystod y broses trawsgrifiad gwrthdro. Mae'r cyfansoddion NRTI yn caniatáu paru basau cywir a'u hymgorffori yn y gadwyn DNA; fodd bynnag, mae grŵp cemegol anadweithiol wedi cymryd lle grŵp hydrocsyl pwysig y mae ei angen i adio'r niwcleotid nesaf.

i) Esboniwch sut mae cyffuriau NRTI yn atal HIV rhag dyblygu. (3)

ii) Esboniwch pam na fyddai penisilin yn effeithiol yn erbyn HIV. (2)

Opsiwn B: Anatomi cyhyrsgerbydol dynol

Mae osteoarthritis yn gyflwr sy'n achosi i'r cymalau fynd yn boenus ac yn stiff. Dyma'r math mwyaf cyffredin o arthritis yn y Deyrnas Unedig. Prif symptomau osteoarthritis yw poen a stiffrwydd yn y cymalau, a phroblemau wrth symud y cymal. Mae rhai pobl hefyd yn cael symptomau fel chwyddo a thynerwch. Mae'r llun isod yn sgan MRI sy'n dangos dirywiad cartilag mewn claf sy'n dioddef o osteoarthritis.

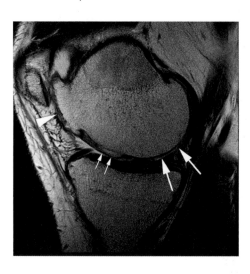

a) Pa fath o feinwe yw cartilag? (1)

b) Enwch y math o gartilag sydd ar arwynebau cymalol. (1)

c) Nodwch pa fath o gymal sydd yn y pen-glin. (1)

ch) Enwch y math o gartilag sydd mewn disgiau rhyngfertebrol, ac esboniwch sut mae ei adeiledd a'i swyddogaeth yn wahanol i'r cartilag sydd ar arwynebau cymalol. (3)

d) I wella poen yn y cymalau oherwydd osteoarthritis, mae meddygon yn argymell ymarfer corff trawiad ysgafn i gryfhau cyhyrau o gwmpas y cymal. Mae'r diagram isod yn dangos y grymoedd sydd ar waith wrth i rywun gyrcydu (*squat*) o safle eisteddol:

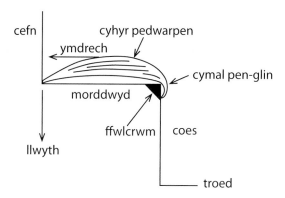

Defnyddiwch y fformiwla isod i gyfrifo'r grym sydd ei angen i gyrcydu (F_2), lle F_1 yw'r llwyth, 70 kg, a'r pellter o'r ffwlcrwm i'r llwyth (d_1) yn 40 cm, a'r pellter o'r ffwlcrwm i fewnosodiad y cyhyr pedwarpen (d_2) yn 3 cm. Dangoswch eich gwaith cyfrifo. (2)

$F_1 \times d_1 = F_2 \times d_2$

1 kg = 9.8 newton, N.

Ateb ....

dd) Mae ffibrau cyhyrau twitsio cyflym yn dibynnu ar brosesau anaerobig ac yn cynhyrchu asid lactig, felly maen nhw'n blino'n gyflymach na ffibrau twitsio araf. Mae yna ail fath o ffibr cyhyr twitsio cyflym o'r enw math x, sy'n cael ei ddefnyddio ar gyfer ymatebion ymladd neu ffoi, er mwyn i anifeiliaid allu dianc rhag perygl yn gyflym iawn. Mae'r rhain yn gyflymach ac yn fwy pwerus fyth na math a, ond maen nhw hefyd yn fwy aneffeithlon ac yn blino'n gyflym iawn. Mae'r tabl isod yn dangos nodweddion allweddol y tri math o ffibr cyhyr:

Nodweddion	Ffibrau twitsio araf	Ffibrau twitsio cyflym a	Ffibrau twitsio cyflym x
Myosin ATPas	Isel	Uchel	Uchaf
Cyfradd gwaredu lactad	Isel	Uchaf	Uchel
Capilarïau gwaed ym mhob ffibr	Uchel	Cymedrol	Isel
Ffibrau ym mhob uned echddygol	<300	>300	>300
Creatin ffosffad	Isel	Uchel	Uchaf

Defnyddiwch eich gwybodaeth a'r tabl uchod i ateb y cwestiynau canlynol.

i) Awgrymwch pam mae gan ffibrau twitsio cyflym x nifer isel o gapilarïau gwaed a'r lefelau uchaf o greatin ffosffad a myosin ATPas. (4)

ii) Awgrymwch pam mai ffibrau twitsio araf sydd â'r lefelau isaf o greatin ffosffad a ffibrau i bob uned echddygol. (3)

e) Esboniwch sut mae hyfforddiant dygnwch a chodi pwysau'n effeithio ar gyhyrau, a manteision hyn i athletwyr. (5)

Opsiwn C: Niwrofioleg ac ymddygiad

 C8 Mae'r diagram isod yn dangos toriad fertigol drwy'r ymennydd dynol:

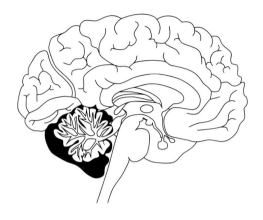

a) Labelwch y diagram i ddangos safle'r hypothalamws. (1)

b) Amlinellwch dair o swyddogaethau'r hypothalamws. (3)

c) Ar y diagram, tywyllwch y rhan o'r ymennydd sy'n cael ei galw'n rhan Broca. (1)

ch) Disgrifiwch swyddogaeth rhan Broca. (2)

d) Dangosodd astudiaeth ddiweddar gan Afroz *et al.* (2017) fod atal derbynyddion GABA yn yr ymennydd yn sbarduno gostyngiad yn nifer y synapsau mewn llygod yn eu llencyndod. Mae'r canfyddiadau'n awgrymu bod y derbynyddion GABA hyn yn darged newydd i normaleiddio dwysedd yr asgwrn cefn (nifer y synapsau i bob niwron) yn ystod llencyndod, ac y gallai hyn awgrymu therapïau newydd ar gyfer sgitsoffrenia lle mae dwysedd yr asgwrn cefn a gwybyddiaeth yn annormal.

i) Esboniwch bwysigrwydd tocio synaptig yn ystod llencyndod. (2)

....

....

....

ii) Awgrymwch sut gallai atal derbynyddion GABA arwain at driniaethau ar gyfer sgitsoffrenia, a pham mae angen bod yn ofalus wrth drin y canfyddiadau hyn. (3)

....

....

....

....

dd) Mae arbrawf yn cael ei gynnal i ymchwilio i effaith golau ar ymddygiad pryfed lludw. Mae 'siambr ddewis' yn cael ei gwneud o ddysgl Petri fawr wedi'i rhannu'n ddwy adran: golau a thywyll, drwy orchuddio hanner y ddysgl â phapur du. Mae papur hidlo llaith yn cael ei roi yn y ddwy adran i greu amgylchedd llaith. Mae pum pryf lludw yn cael eu rhoi yng nghanol y ddysgl Petri a'u gadael am bum munud. Mae nifer y pryfed lludw yn y ddwy adran yn cael ei gofnodi bob 30 eiliad am bedair munud, ac mae'r canlyniadau i'w gweld isod. Ar ôl dwy funud, mae'r ddysgl Petri yn cael ei chylchdroi 180°.

Amgylchedd	Nifer y pryfed lludw sydd yno								
	0 eiliad	30 eiliad	60 eiliad	90 eiliad	120 eiliad	150 eiliad	180 eiliad	210 eiliad	240 eiliad
Golau a llaith	2	1	1	1	0	0	2	3	2
Tywyll a llaith	3	4	4	4	5	5	3	4	4

Defnyddiwch eich gwybodaeth a'r tabl uchod i ateb y cwestiynau canlynol.

i) Esboniwch pam mae'r pryfed lludw yn cael eu gadael am bum munud, a pham mae'r ddysgl yn cael ei chylchdroi hanner ffordd drwy'r arbrawf. (2)

....

....

....

ii) Enwch y math o ymddygiad cynhenid sydd i'w weld. Esboniwch eich ateb. (2)

....

....

....

iii) Awgrymwch *ddau* reswm dros y canlyniadau sydd i'w gweld ar ôl 210 eiliad. (2)

....

....

....

iv) Awgrymwch *ddau* welliant i'r arbrawf i wneud y prawf yn fwy dibynadwy. (2)

....

....

....

Atebion

Cwestiynau ymarfer Uned 3

3.1 ATP a 3.3 Resbiradaeth

C1 a) Siwgr ribos wedi'i gysylltu ag adenin a thri grŵp ffosffad

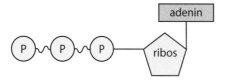

Gyda labeli cywir (2)

b) Synthesis proteinau (1)
Synthesis DNA (1)
Cludiant actif (1)
Mitosis (1)
UNRHYW 2
NID cyfangu cyhyrau

c) Cyfrwng cyfnewid egni cyffredinol (pob adwaith – pob organeb) (1)
Mae'n rhyddhau egni mewn symiau bach, h.y. 30.6 kJ (1)
Adwaith un cam (1)

ch) Mae ffosfforyleiddiad lefel swbstrad yn trosglwyddo grwpiau ffosffad o foleciwlau cyfrannol (1)
e.e. glycerad-3-ffosffad i ADP yn ystod glycolysis (1)
ond mae ffosfforyleiddiad ocsidiol yn digwydd wrth ychwanegu ïon ffosffad at ADP (1)
e.e. defnyddio egni o adweithiau ocsidio / egni o golli electron (1)
UNRHYW 3

C2 a)

Gosodiad	Glycolysis	Adwaith cysylltu	Cylchred Krebs	Cadwyn trosglwyddo electronau
Mae'n digwydd ym matrics y mitocondrion	✗	✓	✓	✗
ATP wedi'i gynhyrchu drwy gyfrwng ffosfforyleiddiad lefel swbstrad	✓	✗	✓	✗
FAD yn cael ei rydwytho	✗	✗	✓	✗
NADH$_2$ yn cael ei ocsidio	✗	✗	✗	✓

1 marc am bob rhes gywir (4)

b) ATP yn ffosfforyleiddio glwcos (1)
gan gynhyrchu {glwcos/hecsos} deuffosffad (1)
gwneud y moleciwl yn fwy adweithiol/haws ei hollti (1)
i ffurfio trios ffosffad (1)
UNRHYW 3

c) rhydwytho pyrwfad i ffurfio lactad (1)

atffurfio NAD / ocsidio $NADH_2$ (1)

<u>Esboniad</u>
caniatáu i'r glycolysis barhau (1)

gall y lactad gael ei ocsidio'n ddiweddarach/cronni dyled ocsigen (1)

UCHAFSWM o 1 heb esboniad

C3 a) Yr amser <u>cymedrig</u> y mae'n ei gymryd i'r hydoddiant newid lliw ar ei isaf / cyflymaf yw ar 45 °C sy'n dangos y gyfradd adwaith gyflymaf (1)

Fodd bynnag, mae'r barrau amrediad/cyfeiliornad yn gorgyffwrdd rhwng 45 a 50 °C sy'n dangos bod un canlyniad ar 50 °C yn is/cyflymach nag ar 45 °C (1) caniatewch y gwrthwyneb

Mae'n debygol bod y gwir dymheredd optimwm rhwng 45 a 50 °C, a byddai angen mwy o ailadroddiadau i gadarnhau hyn (1)

b) Ychwanegu byffer pH (pH 7.0) i sicrhau bod y pH yn aros yn gyson (1)

Defnyddio colorimedr i ganfod newid lliw yn feintiol, yn hytrach nag amseru sy'n oddrychol (1)

c) Ar 55 °C mae'r tymheredd uwch yn achosi i'r moleciwlau ensym dadhydrogenas ddirgrynu mwy / cyfeirio at fwy o egni cinetig (1)

Mae hyn yn achosi i'r bondiau hydrogen rhwng asidau amino ddechrau torri, gan newid adeiledd trydyddol yr ensym (1)

Mae llai o foleciwlau swbstrad yn gallu rhwymo wrth safleoedd actif yr ensymau dadhydrogenas, sy'n lleihau nifer y cymhlygion ensym–swbstrad (1)

Caniatewch gyfeirio at ddadnatureiddio ond NID 'wedi dadnatureiddio'

ch) Mae ensymau dadhydrogenas yn derbyn H^+ o foleciwlau ocsidiedig yn yr adwaith cysylltu a chylchred Krebs (1)

trosglwyddo'r H^+ i NAD/FAD sy'n cael eu rhydwytho i ffurfio $NADH_2$/$FADH_2$ (derbyn NADH/FADH) (1)

Mae TTC yn dderbynnydd hydrogen artiffisial ac felly mae ganddo siâp cyflenwol ac mae'n {ffitio yn safle actif dadhydrogenas / ffurfio cymhlygyn ensym–swbstrad} a hefyd yn cael ei rydwytho (1)

C4 a) i) Glycolysis yn y cytoplasm (1)

Adwaith cysylltu, cylchred Krebs ym matrics y mitocondrion (1)

Cadwyn trosglwyddo electronau yn y cristâu (1)

ii) effeithlonedd = $\dfrac{\text{egni o ATP}}{\text{egni mewn glwcos}}$

$\dfrac{30.6 \times 38}{2880} \times 100$

= 40.4% (1 ll.d.)

Ateb cywir = 2

Ateb anghywir ond gwaith cyfrifo cywir i'w weld = 1

b) Mae resbiradaeth anaerobig yn cynnwys glycolysis yn unig a dim ond 2 foleciwl ATP yw'r cynnyrch net o bob moleciwl glwcos, 2 foleciwl pyrwfad a 2 foleciwl NADH (1)

Yna caiff pyrwfad ei rydwytho i ffurfio lactad {gan atffurfio NAD/ocsidio NADH} (1)

(Dydy resbiradaeth anaerobig ddim yn gallu parhau am amser hir, a chyn gynted â bod ocsigen ar gael) mae lactad yn cael ei ocsidio'n rhwydd wrth fynd i mewn i gylchred Krebs, gan ryddhau mwy o foleciwlau ATP (1)

C5 a) Pan gaiff {ïon/grŵp} ffosffad ei ychwanegu at ADP gan ddefnyddio egni o {golli electronau/adweithiau ocsidio} (1)

b) Mae NADH {yn defnyddio tri phwmp proton/yn uno â'r gadwyn trosglwyddo electronau ar lefel egni uwch} (1)

felly mae'n gallu pwmpio tri phâr o brotonau o'r matrics i'r gofod rhyngbilennol gan ddefnyddio egni o'r electronau (1)

dim ond dau bwmp protonau mae FADH yn eu defnyddio, felly mae'n pwmpio dau bâr o brotonau (1)

Mae pob pâr o brotonau ag ATP synthetas yn cataluddu ffosfforyleiddiad un moleciwl ADP (1)

UNRHYW 3

c) Dydy electronau ddim yn gallu mynd i'r derbynnydd electronau terfynol i ffurfio dŵr felly mae llif electronau'n stopio'n fuan (1)

Dim ond yn ystod glycolysis, yr adwaith cysylltu a chylchred Krebs mae ATP yn gallu cael ei wneud felly mae cynnyrch ATP yn mynd yn llawer llai (1)

Dydy NADH ddim yn cael ei {atffurfio / ocsidio i ffurfio NAD} mwyach, felly yn y pen draw mae glycolysis hefyd yn stopio gan nad oes modd ocsidio trios ffosffad i ffurfio pyrwfad (1)

UNRHYW 2

Does dim modd goresgyn ataliad anghystadleuol drwy gynyddu {crynodiad electronau / swbstrad} gan ei fod yn effeithio ar safle alosterig y pwmp protonau, nid y safle actif (1)

 C6 a) $2 \times 3.14 \times 0.6 \times 11.2 + 2 \times 3.14 \times 0.6^2$

$= 42.20 + 2.26$

$= 44.46 \ \mu m^2$

Ateb cywir = 2

Rhowch farciau am y gwaith cyfrifo os yw'r ateb yn anghywir

b) Mae cyhyrau'n fetabolaidd weithgar / mae angen iddynt gynhyrchu symiau mawr o ATP drwy gyfrwng resbiradaeth aerobig (1)

Mae {resbiradaeth aerobig/ adwaith cysylltu, cylchred Krebs, cadwyn trosglwyddo electronau} yn digwydd ym matrics/cristâu y mitocondrion (1)

Mae'n rhaid cludo pyrwfad o glycolysis i mewn i'r mitocondria (1)

UNRHYW 2 ac

Arwynebedd arwyneb mwy yn cynyddu cyfradd {trylediad cynorthwyedig/cludiant actif} pyrwfad wrth i nifer y moleciwlau cludo gynyddu (1)

 C7 a) 1 rhwng trios ffosffad a phyrwfad (1)

1 rhwng 5C a 4C yng nghylchred Krebs (1)

b) Brasterau (dim marc)

Mae asidau brasterog yn cynnwys niferoedd mawr o atomau carbon a hydrogen (1)

Mae eu resbiradu nhw'n cynhyrchu mwy o garbon deuocsid, dŵr ac ATP oherwydd bod mwy o hydrogen yn cael ei ddefnyddio yn y gadwyn trosglwyddo electronau (1)

c) Mae gormodedd o asidau amino'n cael ei ddadamineiddio yn yr afu/iau gan drawsnewid y grŵp amin NH_2 yn wrea yn y gylchred ornithin (1)

Mae'r grŵp carbocsyl sydd ar ôl yn gallu cael ei drawsnewid yn nifer o wahanol ryngolynnau cylchred Krebs (1)

3.2 Ffotosynthesis

C1 a) Thylacoidau/pilen thylacoid/granwm (1)

b) Ffotoffosfforyleiddiad (1)

c) Niwcleotidau (1)

ch) Ffotolysis/hollti dŵr (1)

i gymryd lle'r electronau sydd wedi'u colli o {gloroffyl/PSII} (1)
darparu {protonau/H⁺} (1)
sy'n rhydwytho NADP/ cael ei ddefnyddio ar gyfer synthesis ATP (1)
UNRHYW 3

d) Electronau'n syrthio'n ôl i'r gadwyn trosglwyddo electronau ac yn {dilyn llwybr cylchol/cyfeirio at ffotoffosfforyleiddiad cylchol} (1)
gan gynhyrchu 1 ATP (1)

C2 a) Mae cloroplastau'n gallu newid egni o un ffurf i un arall; yn yr achos hwn o egni golau i egni cemegol (1)

b) Graff yw'r sbectrwm amsugno sy'n dangos faint o olau mae pigment penodol yn ei amsugno ar bob tonfedd; ond mae graff y sbectrwm gweithredu yn dangos cyfradd ffotosynthesis ar wahanol donfeddi golau (1)

c)

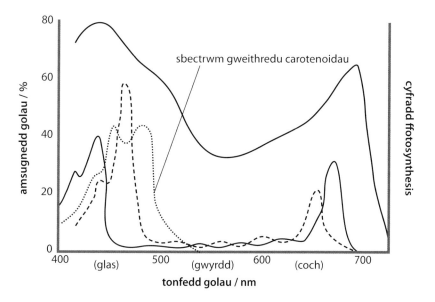

Llinell gywir wedi'i marcio (1)
Esboniad = mae carotenoidau yn amsugno egni golau yn rhan las-fioled y sbectrwm (1)

ch)

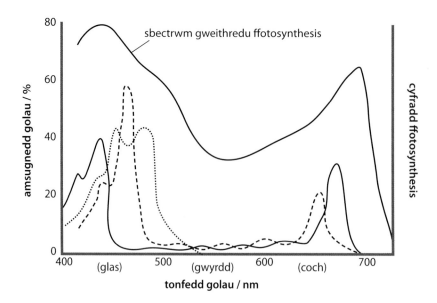

Rhaid labelu hyn yn glir

d) Ffrondau mawr i amsugno egni golau ar {arddwyseddau golau isel 30 m o'r arwyneb/cyfeirio at arddwysedd golau 12.5%} (1)

Lliw brown oherwydd cyfran uchel pigmentau {carotenoidau / cloroffyl b} i amsugno'r golau tonfedd las sydd ar 30 m (1)

C3 a) Mae'r bacteria'n casglu o gwmpas yr algâu sydd mewn tonfeddi glas a choch (1)

Mae hyn oherwydd bod y celloedd yn cyflawni ffotosynthesis ac yn rhyddhau ocsigen sy'n denu'r bacteria aerobig mudol (1)

Ychydig iawn o facteria aerobig oedd i'w cael yn agos at donfeddi golau gwyrdd oherwydd absenoldeb ocsigen (1)

b) Arae o foleciwlau protein a phigment yn y pilenni thylacoid (1)

â chloroffyl-a yn y ganolfan adweithio

Swyddogaeth = mae'n trosglwyddo egni o amrediad o donfeddi golau i gloroffyl-a (1)

C4 a) Y ffactor cyfyngol yw'r un sydd mwyaf prin ac sy'n rheoli'r cam cyfyngu cyfradd, ac felly mae cynyddu hwn yn cynyddu cyfradd ffotosynthesis (1)

b) X = carbon deuocsid

Ar grynodiadau isel, mae crynodiad carbon deuocsid yn gyfyngol, ond dros 0.5%, mae'r gyfradd yn gwastadu, sy'n dangos bod rhaid bod rhywbeth arall yn gyfyngol. Dros tua 1% mae'r stomata'n cau, sy'n atal ymlifiad carbon deuocsid felly mae gostyngiad i'w weld.

Y = arddwysedd golau

Wrth i arddwysedd golau gynyddu, mae cyfradd ffotosynthesis yn cynyddu hyd at tua 10,000 lwcs pan mae rhyw ffactor arall yn mynd yn gyfyngol. Ar arddwysedd golau uchel iawn, mae'r gyfradd yn lleihau wrth i bigmentau cloroplastau gael eu cannu (*bleached*).

Z = tymheredd

Mae tymheredd yn cynyddu egni cinetig yr adweithyddion a'r ensymau sy'n cymryd rhan ym mhroses ffotosynthesis. Yn wahanol i ffactorau eraill, dydy'r graff ddim yn gwastadu oherwydd mae ensymau, e.e. RwBisCO, yn dechrau dadnatureiddio, felly mae cyfradd ffotosynthesis yn lleihau wrth fynd dros y tymheredd optimwm.

C5 Dydych chi ddim yn cael tic am bob pwynt – caiff eich ateb ei asesu o fewn tri phrif fand. Bydd y marc a roddir o fewn y band yn dibynnu ar ba mor llawn rydych chi'n bodloni'r datganiad.

7–9 marc

Cynnwys dangosol y lefel hon yw...

Cymharu synthesis ATP mewn mitocondria a chloroplastau yn fanwl

Gwerthuso sut mae cynhyrchu ATP yn debyg ac yn wahanol yn y ddau

Mae'r ymgeisydd yn llunio ateb clir, cyfannol, gan gysylltu pwyntiau perthnasol yn gywir, fel y rhai yn y cynnwys dangosol, gan resymu'n ddilyniannol. Mae'n ateb y cwestiwn yn llawn heb gynnwys dim byd amherthnasol na hepgor dim byd pwysig. Mae'r ymgeisydd yn defnyddio confensiynau a geirfa wyddonol yn briodol ac yn gywir.

4–6 marc

Cynnwys dangosol y lefel hon yw...

Cymharu synthesis ATP mewn mitocondria a chloroplastau

Rhywfaint o werthuso sut mae cynhyrchu ATP yn debyg ac yn wahanol yn y ddau

Mae'r ymgeisydd yn llunio disgrifiad gan gysylltu rhai pwyntiau perthnasol yn gywir, fel y rhai yn y cynnwys dangosol, gan ddangos rhywfaint o resymu. Mae'n ateb y cwestiwn gan hepgor ambell beth. Mae'r ymgeisydd gan fwyaf yn defnyddio confensiynau a geirfa wyddonol yn briodol ac yn gywir.

1–3 marc

Cynnwys dangosol y lefel hon yw...

Cymhariaeth elfennol ATP mewn mitocondria a chloroplastau

Dim neu brin ddim gwerthuso sut mae cynhyrchu ATP yn debyg ac yn wahanol yn y ddau

Mae'r ymgeisydd yn gwneud rhai pwyntiau perthnasol, fel y rhai yn y cynnwys dangosol, gan ddangos ychydig bach o resymu. Mae'n ateb y cwestiwn gan hepgor rhai pethau pwysig. Mae'r ymgeisydd ar adegau'n defnyddio confensiynau a geirfa wyddonol.

0 marc

Nid yw'r ymgeisydd yn gwneud unrhyw ymdrech i roi ateb perthnasol sy'n haeddu marc.

Byddai ateb da felly yn cynnwys:

Nodweddion tebyg

- Defnyddio egni o electronau i bwmpio protonau ar draws y bilen, sydd yna'n llifo'n ôl drwy ronynnau coesog
- Cynnwys pympiau protonau â philenni
- Defnyddio ATP synthetas

Gwahaniaethau

- Sefydlu graddiant protonau rhwng y gofod rhyngbilennol a'r matrics yn y mitocondria, ond o'r gofod thylacoid i'r stroma mewn cloroplastau
- Y cydensymau sy'n ymwneud â'r broses yn y mitocondria yw FAD a NAD, ond yn y cloroplastau NADP yw'r cydensym
- Y derbynnydd electronau terfynol yw ocsigen a H^+ yn y mitocondria, ond NADP a H^+ ydyw mewn ffotoffosfforyleiddiad anghylchol a chloroffyl-a mewn ffotoffosfforyleiddiad cylchol
- Safle'r gadwyn drosglwyddo electronau yw'r cristâu yn y mitocondria, ond y bilen thylacoid yw ei safle yn y cloroplastau

Gwerthuso

- Gwerthusiad beirniadol bod y broses yr un fath yn y bôn ond bod rhai enwau'n wahanol, e.e. matrics a stroma
- Mae rhai prosesau'n wahanol, e.e. derbynnydd electronau terfynol, y cydensymau sy'n ymwneud â'r broses

C6 a)

Tymheredd / °C	Hyd y swigen yn y tiwb capilari / mm				Cyfaint cymedrig yr ocsigen sy'n cael ei gynhyrchu mewn pum munud / mm³
	Arbrawf 1	Arbrawf 2	Arbrawf 3	Cymedr	
20	25	23	22	**23.3**	**18.3**
25	32	34	40	**35.3**	**27.7**
30	41	42	42	**41.7**	**32.7**
35	45	47	40	**44.0**	**34.5**
40	32	30	30	**30.7**	**24.1**

Pob un yn gywir = (3), –1 am bob un anghywir

b) Y cyfaint ocsigen cymedrig uchaf sy'n cael ei gasglu yw 34.5 mm³ ar 35 °C (1);

ond dydy'r tri arbrawf ddim yn gyson, h.y. mae arbrawf 3 yn cynhyrchu cyfaint is nag sy'n cael ei gasglu ar 30 °C / cyfeirio at 40 mm o gymharu â hyd swigod 41, 42 mm ar 30 °C (1)

angen mwy o ailadroddiadau ar 35 °C i gadarnhau'r gwir gymedr (1)

3.4 Microbioleg

C1 a) Iechydaeth (*sanitation*) gwaredu carthion yn ddiogel / arferion hylendid da (1)
Darparu dŵr yfed {glân / diogel} / dŵr potel (1)
Defnyddio brechlyn
NID defnyddio gwrthfiotig / therapi ail-hydradu drwy'r geg

b) i) Lipoprotein (1)
Lipopolysacarid (1)
ii) Y= peptidoglycan / mwrein (1)
iii) Coch/pinc (1)

c) Penisilin yn atal peptidoglycan / trawsgysylltiadau rhag ffurfio yn y cellfur (1)
Mae colera yn facteriwm Gram-negatif (1)
felly ychydig iawn o beptidoglycan sydd ynddo NID dim peptidoglycan (1)
Mae'r haen lipopolysacarid yn amddiffyn y gell rhag gweithredoedd penisilin (1)
UNRHYW 3

ch) Gwanedu cyfresol, cyfeirio at 1/10 gyda {dŵr/cyfrwng} di-haint (1)
Techneg aseptig / cyfeirio at fflamio gwddf y botel / dolen / defnyddio pibed ddi-haint, ac ati (1)
Taenu {1 cm³ neu gyfaint penodol} ar blatiau agar di-haint a'i fagu ar 37 °C (1)
dewis plât â 10–100 cytref a'u cyfrif wedi'u lluosi â'r ffactor gwanedu (1)

C2 a) Ffynhonnell carbon ar gyfer resbiradaeth (1)
Ffynhonnell nitrogen ar gyfer synthesis proteinau/niwcleotidau (1)

b) Tiwb = C (1)
Dydy bacteria ddim yn gallu goroesi ym mhresenoldeb ocsigen felly dim ond yng ngwaelod y tiwb maen nhw i'w cael (1)

c) Tiwb = A (1)
Mae angen ocsigen ar y bacteria i dyfu felly maen nhw i'w cael yn rhan uchaf y tiwb yn agos i'r arwyneb lle mae ocsigen yn bresennol (1)

ch) Microbau sy'n tyfu'n well ym mhresenoldeb ocsigen ond yn gallu tyfu hebddo (1)

d) 59 cytref (1)

o wanediad 10,000

nifer y bacteria mewn 0.1 cm^3 yw 59 × 10,000 = 590,000 (1)

= 10 × 590,000 = 5.9 miliwn i bob cm^3 (1)

C3 a) Golchi dwylo / diheintio'r fainc (1)

Diheintio'r ddolen drwy ei rhoi hi drwy fflam Bunsen/defnyddio pibed ddi-haint i drosglwyddo sampl (1)

Fflamio gwddf potel y meithriniad (1)

Diheintio'r ddolen eto wedyn (1)

UNRHYW 2

b) i) Gram-negatif (1)

Coci (caniatáu cocws) (1)

ii) Gwahaniaethau rhwng adeiledd cellfuriau (1)

Mae gan facteria {porffor/Gram-positif} gellfur sy'n fwy trwchus (1)

wedi'i wneud o beptidoglycan/mwrein (1)

sy'n derbyn staen {gram/porffor}/fioled grisial (1)

Mae gan facteria {pinc/Gram-negatif} haen lipopolysacarid sydd ddim yn cadw'r staen (1)

UCHAFSWM 3

C4 a) A = Cyfnod oedi

B = Cyfnod esbonyddol/log/twf

C = Cyfnod digyfnewid

Pob un o'r 3 = 2 farc

2 yn gywir = 1 marc

b) Mae'r bacteria wedi defnyddio'r glwcos felly maen nhw'n mynd i'r cyfnod digyfnewid (1)

dechrau syntheseiddio ensymau i hydrolysu startsh i ffurfio glwcos er mwyn i'w twf allu parhau (1)

Caniatewch gyfeirio at dwf deuawcsig (1)

UNRHYW 2

c) Cyfnod marw = mae mwy o gelloedd yn marw nag sy'n cael eu cynhyrchu, felly mae'r boblogaeth yn lleihau (1)

Mae celloedd yn marw oherwydd diffyg maetholion, diffyg ocsigen neu gynnydd yn natur wenwynig y cyfrwng (1)

3.5 Maint poblogaeth ac ecosystemau

C1 a) Unrhyw bwynt ar y llinell rhwng 10 a 12 awr (1)

b) i) Y nifer uchaf mae poblogaeth yn amrywio o'i gwmpas mewn amgylchedd penodol (1)

ii) Mae'r llinell yn amrywio o gwmpas $\log_{10} = 6$ (1)

c) Cyfradd twf bob diwrnod = $\dfrac{\text{gwrthlog}_{10}5 - \text{gwrthlog}_{10}2}{5}$

$= \dfrac{100\,000 - 100}{5}$

= 19 980 y diwrnod (2)

ch) Mae ffactorau dwysedd-ddibynnol yn cael mwy o effaith ar boblogaethau mwy o faint, e.e. clefyd / ysglyfaethu / ffactor biotig (1)

Mae ffactorau dwysedd-annibynnol yn cael yr un effaith beth bynnag yw maint y boblogaeth, e.e. tymheredd / arddwysedd golau / ffactor anfiotig (1)

C2 a) Cymuned lle mae egni a mater yn cael eu trosglwyddo mewn rhyngweithiadau cymhleth (1)

rhwng yr amgylchedd ac organebau, gan gynnwys elfennau biotig ac anfiotig (1)

b) Mae rhywfaint o'r biomas yn ffurfio defnydd sydd ddim yn fwytadwy, e.e. rhisgl, neu'n fiomas yn y gwreiddiau sydd y tu hwnt i gyrraedd ysyddion cynradd (1)

c) Mae gan goedwig law drofannol lawer o lawiad, tymheredd cynnes ac arddwysedd golau uchel; mae glawiad, tymheredd ac arddwysedd golau i gyd yn is mewn coedwig gollddail dymherus (1)

lleihau cyfradd ffotosynthesis ac felly faint o egni mae planhigion yn ei sefydlogi (1)

Bydd y rhan fwyaf o goed mewn coedwig gollddail dymherus yn {gwsg/cyfeirio at golli dail} yn ystod misoedd y gaeaf gan leihau eu cynhyrchiant blynyddol ymhellach (1)

C3 a) $87\,000 / 1.7 \times 10^6 \times 100 = 5.1\%$ (2)

Caniatewch 1 marc am broses gywir ond ateb anghywir

b) Gallu treulio deietau sy'n cynnwys llawer o brotein yn fwy effeithlon (1)

Mae llai o egni ar gael 125 kJ o gymharu â 15 000 felly mae'n rhaid iddo fod yn fwy effeithlon (1)

c) Rhywfaint o'r golau'n cael ei adlewyrchu gan arwyneb y ddeilen

Rhywfaint o'r golau ar donfedd anghywir, e.e. gwyrdd, uwchfioled (1)

Rhywfaint o'r golau'n mynd drwy'r ddeilen heb i'r cloroplastau ei ddal (1)

3 yn gywir = 2 farc

2 yn gywir = 1 marc

C4 Dydych chi ddim yn cael tic am bob pwynt – caiff eich ateb ei asesu o fewn tri phrif fand. Bydd y marc a roddir o fewn y band yn dibynnu ar ba mor llawn rydych chi'n bodloni'r datganiad.

7–9 marc

Cynnwys dangosol y lefel hon yw...

Disgrifiad manwl o olyniaeth gynradd gan gynnwys pob newid allweddol i'r pridd, amrywiaeth rhywogaethau a sefydlogrwydd y gymuned.

Esbonio ffactorau sy'n effeithio ar olyniaeth, gan gynnwys cystadleuaeth ryngrywogaethol a mewnrywogaethol.

Mae'r ymgeisydd yn llunio ateb clir, cyfannol, gan gysylltu pwyntiau perthnasol yn gywir, fel y rhai yn y cynnwys dangosol, gan resymu'n ddilyniannol. Mae'n ateb y cwestiwn yn llawn heb gynnwys dim byd amherthnasol na hepgor dim byd pwysig. Mae'r ymgeisydd yn defnyddio confensiynau a geirfa wyddonol yn briodol ac yn gywir.

4–6 marc

Cynnwys dangosol y lefel hon yw...

Disgrifiad o olyniaeth gynradd gan gynnwys y prif newidiadau i'r pridd, amrywiaeth rhywogaethau a sefydlogrwydd y gymuned.

Disgrifio rhai ffactorau sy'n effeithio ar olyniaeth, e.e. cystadleuaeth ryngrywogaethol neu fewnrywogaethol.

Mae'r ymgeisydd yn llunio disgrifiad gan gysylltu rhai pwyntiau perthnasol yn gywir, fel y rhai yn y cynnwys dangosol, gan ddangos rhywfaint o resymu. Mae'n ateb y cwestiwn gan hepgor ambell beth. Mae'r ymgeisydd gan fwyaf yn defnyddio confensiynau a geirfa wyddonol yn briodol ac yn gywir.

1–3 marc

Cynnwys dangosol y lefel hon yw...

Disgrifiad sylfaenol o olyniaeth gynradd gan gynnwys rhai newidiadau i'r pridd, amrywiaeth rhywogaethau a sefydlogrwydd y gymuned.

Esboniad cyfyngedig o ffactorau sy'n effeithio ar olyniaeth, e.e. cystadleuaeth ryngrywogaethol neu fewnrywogaethol.

Mae'r ymgeisydd yn gwneud rhai pwyntiau perthnasol, fel y rhai yn y cynnwys dangosol, gan ddangos ychydig bach o resymu. Mae'n ateb y cwestiwn gan hepgor rhai pethau pwysig. Mae'r ymgeisydd ar adegau'n defnyddio confensiynau a geirfa wyddonol.

0 marc

Nid yw'r ymgeisydd yn gwneud unrhyw ymdrech i roi ateb perthnasol sy'n haeddu marc.

Byddai ateb da felly yn cynnwys:

- Mae hindreuliad yn creu craciau bach yn y creigiau a gronynnau bach.
- Mae mwsoglau a chennau'n dechrau cytrefu. Mae defnydd organig yn cynyddu'n araf.
- Mae codlysiau'n dechrau tyfu gan eu bod nhw'n gallu sefydlogi nitrogen yr atmosffer i ategu'r ychydig o faetholion sydd yn y pridd. Wrth i'r rhain farw, mae'r pridd yn cyfoethogi.
- Mae gweiriau a rhedyn yn dechrau tyfu, gan gysgodi'r pridd rhag y tywydd. Mae mwy o bridd yn ffurfio ac mae'n mynd yn fwy llaith.
- Mae llwyni mawr a choed bach yn cytrefu. Mae dail marw'n gwneud y pridd yn llawer mwy ffrwythlon ac yn cynyddu lefel yr hwmws ynddo. Mae hyn yn creu cynefinoedd i adar sy'n nythu ac infertebratau'r pridd, felly mae amrywiaeth yn cynyddu.
- Mae'n ffurfio coetir uchafbwynt. Rhywogaethau deri, ffawydd, cyll neu bisgwydd yw'r rhain fel arfer, ond maen nhw'n gollddail gan fwyaf yn Ne'r Deyrnas Unedig. Mae fflora'r tir yn cynnwys rhedyn, llwyni a chlychau'r gog.

Newidiadau:

- Mae dyfnder y pridd yn cynyddu
- Mae cynnwys maetholion yn cynyddu
- Mae cynnwys hwmws yn cynyddu felly mae cynnwys dŵr yn cynyddu
- Mae amrywiaeth rhywogaethau yn cynyddu
- Mae sefydlogrwydd y gymuned yn cynyddu.

Wrth i rywogaethau newydd gael eu cyflwyno, mae cystadleuaeth yn bodoli am adnoddau ym mhob cyfnod serol oherwydd, er enghraifft, mae codlysiau'n gallu cystadlu'n well na mwsoglau wrth i gynnwys y pridd gynyddu. Mae cystadleuaeth yn bodoli rhwng:

1. Rhywogaethau gwahanol (cystadleuaeth ryngrywogaethol) lle gall y ddwy rywogaeth fod mewn cilfach wahanol.

2. Unigolion o'r un rhywogaeth (cystadleuaeth fewnrywogaethol) sy'n dibynnu ar ddwysedd, h.y. mae cystadleuaeth yn cynyddu gyda maint y boblogaeth.

C5 a) 1 marc am bob echelin wedi'i labelu'n gywir (2)

1 marc am bob llinell wedi'i phlotio'n gywir (3)

UCHAFSWM 3

b) Mae ïonau amoniwm yn lleihau o 7 i 1 mg dm^{-3} wrth i nitreiddiad ddigwydd (1)

Mae ïonau amoniwm yn cael eu trawsnewid yn nitraid (1)

gan facteria, e.e. *Nitrosomonas* (1)

c) Rhwng 6 a 12 diwrnod mae lefelau nitraid yn cynyddu o 1 i 10 mg dm^{-3} ac yna'n lleihau'n ôl i 1 erbyn diwrnod 21 (1)

Mae'n cynyddu wrth i ïonau amoniwm gael eu trawsnewid yn nitraid (gan facteria *Nitrosomonas*) ac yn lleihau wrth i nitraid gael ei drawsnewid yn nitrad gan facteria *Nitrobacter* (1)

ch) {Ar/ar ôl} diwrnod 18 (1)

Mae lefelau nitrad yn dechrau gostwng wrth i'r planhigyn dderbyn nitrad (1)

a'i drawsnewid yn brotein (neu gyfansoddyn nitrogen arall wedi'i enwi, e.e. niwcleotid) yn y planhigyn (1)

C6 a) A = Hylosgi

B = Resbiradaeth

C = Cymathiad

D = Datguddiad ac erydiad

Pob un o'r 4 yn gywir = 3 marc

3 yn gywir = 2 farc

2 yn gywir = 1 marc

b) Mae carbon deuocsid yn hydoddi mewn ecosystemau dyfrol fel ïonau HCO^{3-}, ac mae'n ffurfio calsiwm carbonad mewn cregyn molysgiaid a sgerbydau arthropodau (1)

Pan mae'r organebau hyn yn marw, a'u cregyn yn setlo ar wely'r cefnfor (1)

mae cywasgiad dros filiynau o flynyddoedd yn ffurfio {sialc/calchfaen /marmor}, o'r carbonadau hyn (1)

3.6 Effaith dyn ar yr amgylchedd

 Dydych chi ddim yn cael tic am bob pwynt – caiff eich ateb ei asesu o fewn tri phrif fand. Bydd y marc a roddir o fewn y band yn dibynnu ar ba mor llawn rydych chi'n bodloni'r datganiad.

7–9 marc

Cynnwys dangosol y lefel hon yw…

Esboniad manwl o'r rhesymau pam mae'r niferoedd wedi dirywio a sut gellid gwrthdroi'r duedd. Defnyddio data o'r graffiau yn dda i gefnogi ac ategu'r ddadl.

Mae'r ymgeisydd yn llunio ateb clir, cyfannol, gan gysylltu pwyntiau perthnasol yn gywir, fel y rhai yn y cynnwys dangosol, gan resymu'n ddilyniannol. Mae'n ateb y cwestiwn yn llawn heb gynnwys dim byd amherthnasol na hepgor dim byd pwysig. Mae'r ymgeisydd yn defnyddio confensiynau a geirfa wyddonol yn briodol ac yn gywir.

4–6 marc

Cynnwys dangosol y lefel hon yw…

Esboniad o'r rhesymau pam mae'r niferoedd wedi dirywio a sut gellid gwrthdroi'r duedd. Defnyddio rhywfaint o ddata o'r graffiau i ategu'r ddadl.

Mae'r ymgeisydd yn llunio disgrifiad gan gysylltu rhai pwyntiau perthnasol yn gywir, fel y rhai yn y cynnwys dangosol, gan ddangos rhywfaint o resymu. Mae'n ateb y cwestiwn gan hepgor ambell beth. Mae'r ymgeisydd gan fwyaf yn defnyddio confensiynau a geirfa wyddonol yn briodol ac yn gywir.

1–3 marc

Cynnwys dangosol y lefel hon yw…

Disgrifiad sylfaenol o'r rhesymau pam mae'r niferoedd wedi dirywio a sut gellid gwrthdroi'r duedd. Defnyddio dim neu brin ddim data o'r graffiau i ategu'r ddadl.

Mae'r ymgeisydd yn gwneud rhai pwyntiau perthnasol, fel y rhai yn y cynnwys dangosol, gan ddangos ychydig bach o resymu. Mae'n ateb y cwestiwn gan hepgor rhai pethau pwysig. Mae'r ymgeisydd ar adegau'n defnyddio confensiynau a geirfa wyddonol.

0 marc

Nid yw'r ymgeisydd yn gwneud unrhyw ymdrech i roi ateb perthnasol sy'n haeddu marc.

Byddai ateb da felly yn cynnwys:

Rhesymau dros y dirywiad:

- Torri coed yw'r prif fygythiad i'r cynefin
- Diffiniad o ddatgoedwigo – torri coed a defnyddio'r tir at ddiben arall
- Tanau gwyllt mewn coedwigoedd glaw
- Tyfu cnydau gwerthu, e.e. olew palmwydd, i fodloni anghenion biodanwyddau, bwydydd, colur
- Potsio ar gyfer cig gwylltir a meddyginiaethau traddodiadol
- Cyflenwi masnach anifeiliaid anwes
- Defnyddio data o'r graffiau, e.e. cynnydd % mewn cynhyrchu olew palmwydd

Dulliau cadwraeth:

- Cydweithredu rhyngwladol i gyfyngu ar fasnach rhywogaethau mewn perygl, e.e. CITES
- Cyfarwyddeb cynefinoedd yr UE
- Sefydlu ardaloedd gwarchodedig
- Rhaglenni bridio mewn caethiwed
- Banciau sberm
- Swyddogaeth sŵau mewn projectau cadwraeth a rhaglenni bridio
- Ailgyflwyno rhywogaethau
- Addysg
- Ecodwristiaeth

C2

a) Maent yn cael gwared ar garbon deuocsid o'r atmosffer yn ystod ffotosynthesis (1)

Dydyn nhw ddim yn gwbl garbon-niwtral oherwydd rydyn ni'n defnyddio egni i'w cynhyrchu, eu prosesu a'u dosbarthu nhw (1)

b) Mae datgoedwigo wedi arwain at ddulliau ffermio ungnwd cnydau biodanwydd ac o ganlyniad i hyn mae'r ffin defnyddio tir wedi'i chroesi (1)

ac mae ffin cyfanrwydd y biosffer wedi'i chroesi oherwydd colli rhywogaethau (1)

c) Defnyddio offer sy'n defnyddio dŵr yn effeithlon (1)

Adfer dŵr gwastraff, i'w ddefnyddio i ddyfrhau ac mewn diwydiant (1)

Rhoi'r gorau i ddyfrhau cnydau sydd ddim yn fwyd (1)

Defnyddio systemau dyfrhau diferu i ddyfrhau cnydau (1)

Dal dŵr ffo o stormydd i ail-lenwi cronfeydd dŵr (1)

Dihalwyno dŵr heli (1)

Tri'n gywir = 2

3.7 Homeostasis a'r aren

C1

a)

Llythyren	Enw	Swyddogaeth
A	**Cwpan Bowman**	**Uwch-hidlo**
B	**Glomerwlws**	
C	**Tiwbyn troellog procsimol**	**Adamsugniad detholus**
D	**Tiwbyn troellog distal**	Rheoli pH y gwaed
E	**Dolen Henle**	**Osmoreolaeth**
F	Vasa recta	
G	**Dwythell gasglu**	

Pob un o'r tair swyddogaeth yn gywir = 2, dwy swyddogaeth yn gywir = 1

Pob un o'r chwe rhan wedi'u henwi'n gywir = 5, 5 rhan = 4, 3 rhan = 2, 2 ran = 1

UCHAFSWM = 7

b) Medwla (1)

c) Potensial dŵr yw tuedd dŵr i symud i mewn i system o fan â photensial dŵr uchel i fan â photensial dŵr isel (1)

Ac unrhyw 5 o'r canlynol:

Mae ïonau sodiwm yn cael eu pwmpio allan o'r aelod esgynnol (1)

gan greu potensial dŵr isel yn y medwla (1)

mae'r aelod disgynnol yn anathraidd i ïonau sodiwm ond yn athraidd i ddŵr (1)

mae dŵr yn symud allan o'r aelod disgynnol A'R ddwythell gasglu (1)

drwy gyfrwng osmosis (1)

cyfeirio at wrthgerrynt (1)

ch) Mae angen i anifeiliaid diffeithdir gadw dŵr felly maen nhw'n cynhyrchu troeth crynodedig iawn (1)

drwy adamsugno mwy o ddŵr drwy gyfrwng osmosis (1)

oherwydd bod {dolen Henle / E} hirach yn creu graddiant potensial hydoddyn uwch (1)

gan fod mwy o ïonau sodiwm yn cael eu cludo'n actif allan o'r aelod esgynnol i'r medwla (1)

UCHAFSWM 3

d) Mae ADH yn rhwymo wrth broteinau derbynyddion pilenni sydd ar arwyneb y celloedd sy'n leinio'r ddwythell (1)

Mae rhwymo ag ADH yn sbarduno fesiglau sy'n cynnwys proteinau cynhenid y bilen o'r enw acwaporinau i asio â'r gellbilen (1)

Mae'r acwaporinau'n cynnwys mandyllau sy'n caniatáu i ddŵr symud (1)

Yr uchaf yw crynodiad ADH, y mwyaf o acwaporinau sy'n asio â'r bilen (1)

UNRHYW 3

C2 a) A   Tiwbyn troellog procsimol

B   Cwpan Bowman

C   Glomerwlws

D   Pilen waelodol

4 yn gywir = 3, 3 yn gywir = 2, 2 yn gywir = 1

b) Cortecs (1)

c) Adamsugniad detholus (1)

Addasiadau – {microfili/pilen waelodol â phlygion/sianeli gwaelodol} i gynyddu'r arwynebedd arwyneb ar gyfer amsugno (1)

Nifer mawr o fitocondria sy'n darparu ATP ar gyfer cludiant actif, e.e. {glwcos/asidau amino} (1)

C3 a) Medwla (1)

Rheswm – cwpanau Bowman ddim yn weladwy / {dwythell gasglu/dolen Henle} yn weladwy (1)

b) e.e. 9 mm (caniatewch fesuriad cywir o'r diagram) (1)

lled = maint y ddelwedd / chwyddhad

= 9/400 = 0.023 mm × 1000

= 23 µm (1)

−1 dim unedau

c) Swyddogaeth = amsugno (1)

Pilen waelodol yn denau i leihau'r pellter tryledu (1)

Caniatewch gyfeirio at sianeli sodiwm/clorid yn creu potensial dŵr is yn y medwla

C4 Dydych chi ddim yn cael tic am bob pwynt – caiff eich ateb ei asesu o fewn tri phrif fand. Bydd y marc a roddir o fewn y band yn dibynnu ar ba mor llawn rydych chi'n bodloni'r datganiad.

7–9 marc

Cynnwys dangosol y lefel hon yw...

Esboniad manwl o sut mae pob rhan o'r neffron wedi addasu ar gyfer ei holl swyddogaethau gan gynnwys uwch-hidlo, adamsugniad detholus, osmoreolaeth.

Mae'r ymgeisydd yn llunio ateb clir, cyfannol, gan gysylltu pwyntiau perthnasol yn gywir, fel y rhai yn y cynnwys dangosol, gan resymu'n ddilyniannol. Mae'n ateb y cwestiwn yn llawn heb gynnwys dim byd amherthnasol na hepgor dim byd pwysig. Mae'r ymgeisydd yn defnyddio confensiynau a geirfa wyddonol yn briodol ac yn gywir.

4–6 marc

Cynnwys dangosol y lefel hon yw...

Esboniad o sut mae pob rhan o'r neffron wedi addasu ar gyfer y rhan fwyaf o'i swyddogaethau gan gynnwys uwch-hidlo, adamsugniad detholus, osmoreolaeth

Mae'r ymgeisydd yn llunio disgrifiad gan gysylltu rhai pwyntiau perthnasol yn gywir, fel y rhai yn y cynnwys dangosol, gan ddangos rhywfaint o resymu. Mae'n ateb y cwestiwn gan hepgor ambell beth. Mae'r ymgeisydd gan fwyaf yn defnyddio confensiynau a geirfa wyddonol yn briodol ac yn gywir.

1–3 marc

Cynnwys dangosol y lefel hon yw...

Esboniad sylfaenol o sut mae rhai rhannau o'r neffron wedi addasu ar gyfer eu swyddogaethau.

Mae'r ymgeisydd yn gwneud rhai pwyntiau perthnasol, fel y rhai yn y cynnwys dangosol, gan ddangos ychydig bach o resymu. Mae'n ateb y cwestiwn gan hepgor rhai pethau pwysig. Mae'r ymgeisydd ar adegau'n defnyddio confensiynau a geirfa wyddonol.

0 marc

Nid yw'r ymgeisydd yn gwneud unrhyw ymdrech i roi ateb perthnasol sy'n haeddu marc.

Byddai ateb da felly yn cynnwys:

Uwch-hidlo:

- Cyfeirio at bibell afferol letach yn cynyddu pwysedd gwaed yn y glomerwlws
- Mandyllau yn y celloedd endothelaidd / pilen waelodol a'r podocytau'n gweithredu fel hidlydd moleciwlaidd sy'n caniatáu i foleciwlau <70,000 rmm fynd i'r hidlif/cwpan
- Enghraifft o sylwedd sy'n mynd allan, e.e. glwcos, asidau amino ac un sydd ddim, e.e. proteinau mawr, celloedd

Adamsugniad detholus:

- Mae gan gelloedd y tiwbyn troellog procsimol ficrofili/pilen waelodol â phlygion/sianeli gwaelodol i gynyddu'r arwynebedd arwyneb ar gyfer amsugno
- Llawer o fitocondria i ddarparu ATP ar gyfer cludiant actif glwcos/asidau amino

Osmoreolaeth:

- Aelod esgynnol dolen Henle yn cludo ïonau sodiwm ALLAN yn actif ond yn anathraidd i ddŵr, sy'n gostwng y potensial dŵr yn ardal y medwla
- Mae'r aelod disgynnol yn athraidd i ddŵr, felly mae dŵr yn mynd allan drwy gyfrwng osmosis
- Mae ADH yn effeithio ar dderbynyddion yn waliau'r ddwythell gasglu / y tiwbyn troellog distal gan eu gwneud nhw'n fwy athraidd i ddŵr, ac felly caiff mwy o ddŵr ei adamsugno drwy gyfrwng osmosis sy'n gwneud y troeth yn fwy crynodedig

C5 a) Mae gormodedd asidau amino'n cael ei ddadamineiddio yn yr iau/afu (1)

i gynhyrchu amonia ac asid organig (1)

b) Mae amonia yn fach ac yn hydawdd iawn, ond mae'n wenwynig iawn felly mae'n rhaid ei ysgarthu ar unwaith (1)

Dydy'r corff ddim yn gallu ei storio ac mae angen cyfeintiau mawr o ddŵr, sy'n bresennol mewn amgylchedd dŵr croyw, i'w wanedu i lefelau diwenwyn er mwyn gallu ei ysgarthu'n ddiogel (1)

c) Dydy asid wrig bron ddim yn wenwynig o gwbl, felly mae'r corff yn gallu ei storio am gyfnodau hir (1)

Ychydig iawn o ddŵr sydd ei angen i'w ysgarthu'n ddiogel, sy'n fantais i adar sy'n hedfan gan fod hyn yn ei wneud yn ysgafnach (1)

Mae'n galluogi'r anifeiliaid hyn i oroesi mewn amgylcheddau sych iawn (1)

C6 a) Rhaid i hCG fod <70,000 RMM i ffurfio rhan o'r hidlif glomerwlaidd (1)

Dydy hCG ddim yn cael ei adamsugno'n ddetholus yn y tiwbyn troellog procsimol felly mae'n aros yn y troeth (1)

b) Mae glwcos yn <70,000 RMM felly mae'n rhan o'r hidlif glomerwlaidd (1)

Caniatewch bwynt marcio yn naill ai rhan a neu ran b ond nid y ddau

Mae lefelau glwcos y gwaed mor uchel mewn cleifion â diabetes nes nad yw'r glwcos i gyd yn gallu cael ei adamsugno'n ddetholus yn y tiwbyn troellog procsimol; mae rhywfaint yn aros yn y gwaed (1)

Mewn unigolion iach, mae'r glwcos i gyd yn cael ei adamsugno yn y tiwbyn troellog procsimol drwy gyfrwng cludiant actif eilaidd (1)

UCHAFSWM 2

c) Mae wrea yn cael ei orfodi allan drwy gyfrwng uwch-hidlo / yn ffurfio rhan o'r hidlif glomerwlaidd (1)

Dydy wrea ddim yn cael ei adamsugno'n ddetholus, ond mae dŵr, felly mae {cyfran yr wrea i ddŵr yn lleihau / crynodiad yr wrea yn cynyddu} (1)

3.8 Y system nerfol

C1   a) (Niwron) echddygol (1)

    b) O'r chwith i'r dde o'r cellgorff (1)

    c) A = Cnewyllyn

       B = Cellgorff

       C = Acson

       D = Gwain fyelin

       Pob un o'r 4 = 3 marc, 3 yn gywir = 2 farc, 2 yn gywir = 1 marc

  ch) Myelineiddiad (1)

       Dim ond yn nodau Ranvier mae dadbolareiddio'n digwydd, sy'n galluogi'r potensial gweithredu i 'neidio' o nod i nod, sy'n cyflymu'r ysgogiad (1)

       Diamedr yr acson (1)

       Mae acsonau â diamedr mwy yn gollwng llai o ïonau, felly maen nhw'n trawsyrru'n gyflymach (1)

       NID tymheredd gan fod mamolion yn cynnal tymheredd cyson y tu mewn i'r corff (niwron mamolyn yw hwn)

C2   a) Potensial gorffwys (1)

    b) Mae'r bilen yn fwy athraidd i ïonau potasiwm / anathraidd i ïonau sodiwm (1)

      Mae rhai gatiau ïonau potasiwm ar agor sy'n gadael i ïonau potasiwm fynd allan (1)

      Mae'r gatiau ïonau sodiwm ar gau sy'n atal ïonau sodiwm rhag mynd i mewn (1)

      Mae'r pympiau cyfnewid ïonau sodiwm-potasiwm yn cludo tri ïon sodiwm allan am bob dau ïon potasiwm sy'n dod i mewn (1)

      Ac felly mae'r tu mewn yn llai positif na'r tu allan (1)

      UNRHYW 3

    c) Marcio cyfnod ar ôl y brig 3 ms at sefydlu potensial gorffwys ar ôl 6 ms (1)

  ch) Tynnu'r saeth o'r dde i'r chwith (1)

    d) Y cyfnod diddigwydd cymharol yw'r cyfnod pan mae hi'n bosibl anfon impwls arall os yw'r ysgogiad yn ddigon cryf (1)

      Ar y llaw arall, y cyfnod diddigwydd absoliwt yw'r cyfnod pan dydy hi DDIM yn bosibl anfon impwls arall, beth bynnag yw MAINT yr ysgogiad (1)

      Angen cymharu

  dd) Mae'r niwron wedi'i bolareiddio / −65mV (1)

      Mae'r ysgogiad yn cyrraedd gan achosi i'r gatiau Na^+ AGOR (1)

      Mae ïonau Na^+ yn rhuthro i mewn, gan ddadbolareiddio'r niwron (1)

      Nawr mae'r wefr ar draws y bilen yn mynd yn FWY positif (MWY o wefrau positif y tu mewn) (1)

      Wrth i fwy o ïonau Na^+ fynd i mewn, mae mwy o gatiau'n agor felly mae mwy fyth o ïonau Na^+ yn rhuthro i mewn nes bod y potensial yn cyrraedd +40 mV (*adborth positif*) (1)

      rydyn ni'n dweud bod y niwron wedi'i ddadbolareiddio (1)

      UNRHYW 5

C3   a) Mae ïonau calsiwm yn llifo i mewn i'r bwlyn rhagsynaptig ar ôl i'r impwls gyrraedd (1)

      gan achosi i'r fesiglau sy'n cynnwys asetylcolin symud at y bilen ragsynaptig ac asio â hi (1)

      o ganlyniad, caiff asetylcolin ei ryddhau i'r hollt synaptig drwy gyfrwng ecsocytosis (1)

    b) i)   Cyffroadol / symbylydd (1)

          Rheswm = mae cynyddu crynodiad y methamffetamin yn achosi i fwy o asetylcolin gael ei ryddhau (1)

          Cyfeirio at ddyblu'r asetylcolin sy'n cael ei ryddhau / cynnydd % o'r graff / cyfeirio at niferoedd, e.e. cynyddu o 100% i 250–300 % (1)

ii) Mae'r hyder ar gyfer 0 ac 1 mg/kg yn uchel oherwydd y barrau amrediad/cyfeiliornad bach (1); fodd bynnag, mae llawer o amrywiant yn y canlyniadau 4 mg/kg sy'n awgrymu y gallai'r effaith fod yn fwy (1)

{Dim ond 9 llygoden fawr a brofwyd/Nifer bach o lygod mawr a brofwyd} neu gyfeiriad at yr amodau y cafodd y llygod mawr eu cadw ynddyn nhw, sy'n lleihau'r hyder yn y casgliad (1)

c) Mae'r canlyniadau'n dangos bod cynyddu crynodiadau nicotin yn arwain at ryddhau llai o asetylcolin / cyfeirio at y gwerthoedd (1)

sy'n gwneud i'r unigolyn ddibynnu ar nicotin i weithredu fel niwrodrawsyrrydd (1)

C4 Dydych chi ddim yn cael tic am bob pwynt – caiff eich ateb ei asesu o fewn tri phrif fand. Bydd y marc a roddir o fewn y band yn dibynnu ar ba mor llawn rydych chi'n bodloni'r datganiad.

7–9 marc

Cynnwys dangosol y lefel hon yw...

Disgrifiad manwl o drawsyriant synaptig ac esboniad manwl o effaith pryfleiddiaid organoffosfforaidd ar synapsau.

Mae'r ymgeisydd yn llunio ateb clir, cyfannol, gan gysylltu pwyntiau perthnasol yn gywir, fel y rhai yn y cynnwys dangosol, gan resymu'n ddilyniannol. Mae'n ateb y cwestiwn yn llawn heb gynnwys dim byd amherthnasol na hepgor dim byd pwysig. Mae'r ymgeisydd yn defnyddio confensiynau a geirfa wyddonol yn briodol ac yn gywir.

4–6 marc

Cynnwys dangosol y lefel hon yw...

Disgrifiad o drawsyriant synaptig ac esboniad o effaith pryfleiddiaid organoffosfforws ar synapsau.

Mae'r ymgeisydd yn llunio disgrifiad gan gysylltu rhai pwyntiau perthnasol yn gywir, fel y rhai yn y cynnwys dangosol, gan ddangos rhywfaint o resymu. Mae'n ateb y cwestiwn gan hepgor ambell beth. Mae'r ymgeisydd gan fwyaf yn defnyddio confensiynau a geirfa wyddonol yn briodol ac yn gywir.

1–3 marc

Cynnwys dangosol y lefel hon yw...

Disgrifiad sylfaenol o drawsyriant synaptig ac esboniad cyfyngedig o effaith pryfleiddiaid organoffosfforws ar synapsau.

Mae'r ymgeisydd yn gwneud rhai pwyntiau perthnasol, fel y rhai yn y cynnwys dangosol, gan ddangos ychydig bach o resymu. Mae'n ateb y cwestiwn gan hepgor rhai pethau pwysig. Mae'r ymgeisydd ar adegau'n defnyddio confensiynau a geirfa wyddonol.

0 marc

Nid yw'r ymgeisydd yn gwneud unrhyw ymdrech i roi ateb perthnasol sy'n haeddu marc.

Byddai ateb da felly yn cynnwys:

Trawsyriant synaptig:

- Mae sianeli calsiwm yn agor, ac mae ïonau'n llifo i mewn i'r bwlyn synaptig
- Mae'r fesiglau synaptig yn symud at y bilen ragsynaptig ac yn asio â hi
- Niwrodrawsyrrydd / asetylcolin yn cael ei ryddhau i'r hollt
- Tryledu ar draws yr hollt a rhwymo wrth dderbynyddion ar y bilen ôl-synaptig
- Achosi i sianeli sodiwm agor
- Ïonau sodiwm yn llifo i mewn, gan ddadbolareiddio'r niwron ôl-synaptig

Effaith pryfleiddiaid organoffosfforws:

- Atal ensymau colinesteras
- Achosi i asetylcolin aros yn sownd wrth dderbynyddion ar y bilen ôl-synaptig
- Achosi i'r niwron ôl-synaptig gael ei ddadbolareiddio dro ar ôl tro

C5 a)

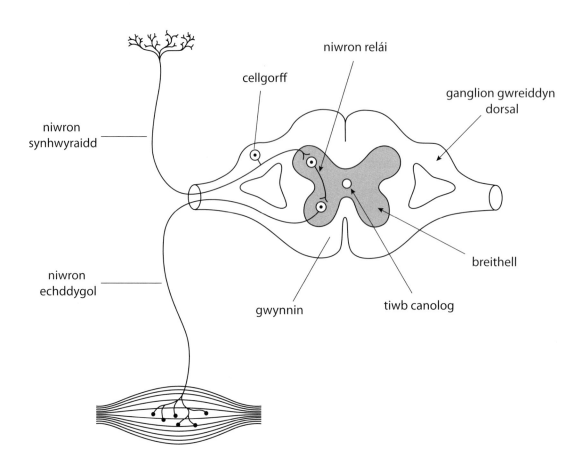

niwron relái

cellgorff

ganglion gwreiddyn dorsal

niwron synhwyraidd

niwron echddygol

breithell

gwynnin

tiwb canolog

Pob un o'r 5 = 4 marc, −1 am bob ateb anghywir

b) Derbynnydd yn y croen yn canfod gwres/ysgogiad (1)

Impwls/potensial gweithredu'n teithio i'r brif system nerfol ar hyd niwron synhwyraidd (1)

Synapsau â niwronau cysylltiol/relái (1)

Yn trosglwyddo impwls/potensial gweithredu i'r ymennydd (1)

A niwron echddygol i'r cyhyr effeithydd (1)

Sy'n achosi ymateb i gyfangu'r cyhyr i dynnu'r llaw yn ôl (1)

UNRHYW 5

Cwestiynau ymarfer Uned 4

4.1 Atgenhedlu rhywiol mewn bodau dynol

C1
a) B = Sbermatocyt cynradd
C = Sbermatocyt eilaidd
D = Sbermatid
3 yn gywir = 2 farc
2 yn gywir = 1 marc

b) Mae cell B yn ddiploid ac yn cyflawni meiosis i gynhyrchu (1)
Cell C yn haploid (1)

c) Cell D yn gwahaniaethu (1)
gan gynnwys acrosom ym mhen y sbermatosoa (1)
sy'n cynnwys ensymau hydrolytig sy'n ei alluogi i dreulio zona pellucida yr ofwm (1)
Mae darn canol yn cael ei ychwanegu sy'n cynnwys llawer o fitocondria sy'n darparu ATP ar gyfer ymsymudiad (1)
a chynffon sy'n darparu symudiad tuag at yr oocyt eilaidd (1)
UNRHYW 4

C2
a) A = Fesigl semenol
B = Chwarren brostad
C = vas deferens
D = Epididymis
E = Tiwbynnau semen
Pob un o'r 5 = 3 marc
4 = 2 farc
3 = 1 marc

b) A = Cynhyrchu secretiad i wneud sberm yn fwy mudol (1)
B = Cynhyrchu secretiad alcalïaidd i niwtralu asidedd troeth (1)

c)

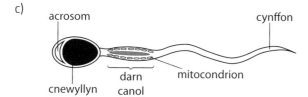

1 marc am ddiagram
2 farc am y labeli cywir

C3
a) A = Progesteron (1)
lefelau'n aros yn uchel o ddiwrnod 20 ymlaen i atal FSH ac LH (1)
B = FSH/hormon ysgogi ffoliglau (1)
cyrraedd brig o gwmpas diwrnod 5 i hybu ffoligl Graaf i aeddfedu
C = LH/Hormon lwteineiddio (1)
cyrraedd brig o gwmpas diwrnod 14 i ysgogi ofwliad (1)
D = Oestrogen (1)
cynyddu o ddiwrnod 4 i 14 i gynyddu trwch a fasgwlaredd leinin y groth (1)

b) Chwarren bitwidol flaen (1)

c) Oestrogen (1) oherwydd mae'n ysgogi LH (1)

ch) Progesteron (1) oherwydd byddai'n atal FSH, felly dim cynhyrchu oestrogen, sy'n golygu dim ysgogi cynhyrchu LH (1)

C4 a) Yn yr adwaith acrosom, mae ensymau acrosom yn treulio'r zona pellucida, gan ganiatáu i bilenni sberm a'r oocyt asio (1)

ond mae'r adwaith cortigol yn digwydd wrth i bilenni gronynnau cortigol asio â philen yr oocyt gan ei thrawsnewid yn bilen ffrwythloniad (1)

Mae'r adwaith acrosom yn cynorthwyo sbermatosoon i fynd i mewn, ond mae'r adwaith cortigol yn atal mwy o sbermatosoa rhag mynd i mewn (1)

UNRHYW 2

b)

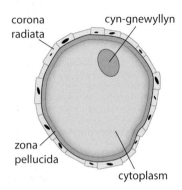

c) Cynhyrchu hormonau i gynnal y beichiogrwydd (1)

Gweithredu fel rhwystr ffisegol i ostwng pwysedd gwaed rhwng cylchrediadau'r fam a'r ffoetws / gwahanu'r system imiwnedd gan atal ymateb imiwn y fam (1)

Caniatáu i wrthgyrff groesi'r brych, gan roi rhywfaint o imiwnedd goddefol (1)

Cael gwared â gwastraff o waed y ffoetws, e.e. CO_2 (1)

NID cyflenwi maetholion

UNRHYW 3

C5 a) A = Corpus luteum

B = Oocyt eilaidd

C = Ffoligl Graaf

Pob un o'r 3 = 2 farc,

2 yn gywir = 1 marc

b) Mae'r ddau'n cael eu cynhyrchu gan feiosis I/y rhaniad meiotig cyntaf (1)

Mae'r sbermatocyt eilaidd yn cael ei gynhyrchu yn y gaill yn fuan ar ôl y sbermatocyt cynradd (1)

ac mae'r oocyt eilaidd yn cael ei gynhyrchu yn yr ofari cyn ofwliad (1)

Mae un sbermatocyt cynradd yn arwain at ffurfio pedwar sbermatocyt eilaidd (1)

ac mae un oocyt cynradd yn arwain at ffurfio un oocyt eilaidd ac un corffyn pegynol (1)

Angen cymharu

UCHAFSWM 4

4.2 Atgenhedlu rhywiol mewn planhigion

C1 a)

Blodyn sy'n cael ei beillio gan bryfed	Blodyn sy'n cael ei beillio gan y gwynt
Petalau mawr lliw llachar i ddenu pryfed (peidiwch â chaniatáu cyfeirio at neithdar / persawr oherwydd dydy hyn ddim i'w weld)	Dim petalau, gan nad oes angen denu pryfed
Antheri y tu mewn i'r blodyn sy'n trosglwyddo paill i bryfed wrth iddyn nhw fwyta neithdar	Antheri yn hongian y tu allan i'r blodyn fel bod y gwynt yn gallu chwythu'r paill i ffwrdd
Stigma y tu mewn i'r blodyn i gasglu paill oddi ar bryfed wrth iddyn nhw fwyta neithdar	Stigmâu mawr pluog i ddarparu arwynebedd arwyneb mawr i'r gwynt ddal gronynnau paill

Rhaid bod yn gymharol

UNRHYW 3 datganiad yn cyfateb

b) Symiau bach o baill gludiog â gwead garw i lynu wrth bryfyn (1)

Symiau mawr o baill bach, llyfn, ysgafn i'w cludo gan y gwynt (1)

C2 a) Peilliad yw trosglwyddo paill o anther un blodyn i stigma aeddfed blodyn arall o'r un rhywogaeth, a ffrwythloniad yw'r broses lle mae'r gamet gwrywol yn asio â'r gamet benywol i gynhyrchu sygot diploid.

b) Mae'r gronyn paill yn egino gan gynhyrchu tiwb paill (1)

Cnewyllyn y tiwb paill sy'n rheoli twf y tiwb, ac mae hefyd yn cynhyrchu hydrolasau, e.e. cellwlasau a phroteasau sy'n treulio llwybr drwy'r golofnig tuag at y micropyl (1)

Mae'n cael ei arwain gan atynyddion cemegol, e.e. GABA. (1)

Yna, mae'r cnewyllyn tiwb yn ymddatod ac mae'r ddau gamet gwrywol yn mynd i mewn i'r ofwl (1)

UNRHYW 3

c) i) I gynnal amgylchedd llaith/atal y sleidiau rhag sychu (1)

ii) Gallai'r arwydryn fod wedi effeithio ar dwf y tiwb paill (1)

iii) 0.4 mol dm^{-3} sy'n cynhyrchu'r eginiad uchaf, sef 70%, a'r hyd tiwb cymedrig hiraf, sef 290 µm (1)

Mae 10 ailadroddiad yn ddigon i gynhyrchu canlyniadau dibynadwy (1)

dydy'r crynodiadau sy'n cael eu defnyddio ddim yn cynyddu yr un faint / cyfeirio at y ffaith y gallai'r cymedr fod rhwng 0.4 a 0.8 mol dm^{-3} felly bod angen mwy o ailadroddiadau, e.e. ar 0.6 mol dm^{-3} (1)

C3 a) Cynnydd = 16 mm (1)

$16/22 \times 100 = 72.7\%$ derbyniwch 73% (1)

b) Mae asid giberelig yn cynyddu uchder cymedrig yr eginblanhigion 73% (16 mm) o gymharu â'r rheolydd ar ôl 20 diwrnod/10 diwrnod ar ôl ei ddefnyddio / mae asid giberelig yn cynyddu twf yr eginblanhigion pys (1)

Mae asid giberelig yn rheolydd twf planhigion sy'n actifadu genynnau sy'n ymwneud â thrawsgrifiad a throsiad, gan arwain at gynhyrchu ensymau sy'n gyfrifol am dwf (1)

c) Dim ond dau blanhigyn ym mhob grŵp sy'n cael eu mesur, sy'n lleihau'r hyder yn y canlyniadau (1)

ailadrodd â mwy o blanhigion, e.e. 10 (1)

4.3 Etifeddiad

C1 a) Genyn: darn o DNA ar locws penodol ar gromosom sydd fel arfer yn codio ar gyfer polypeptid penodol (1), ac alel yw ffurf wahanol ar yr un genyn (1)

b) Homosygaidd yw bod y ddau alel ar gyfer nodwedd benodol yr un fath, a (1) Heterosygaidd yw bod y ddau alel ar gyfer nodwedd benodol yn wahanol (1)

c) Yr alelau trechol yw'r rhai sy'n cael eu mynegi bob amser, h.y. mewn homosygot ac mewn heterosygot, e.e. RR neu Rr ond (1) yr alelau enciliol yw'r rhai sydd ond yn cael eu mynegi yn yr homosygot, e.e. rr (1)

ch) Mae cysylltedd rhyw yn golygu bod y genynnau ar y cromosomau rhyw yn unig (1) ac mae cysylltedd awtosomaidd yn digwydd pan fydd dau enyn gwahanol yn bodoli ar yr un cromosom awtosomaidd (nid cromosom rhyw) ac felly'n methu arwahanu'n annibynnol (1)

C2 a) E.e. Y = melyn, y = gwyrdd, W = crychlyd, w = crwn (1)

Caniatewch lythrennau eraill os oes allwedd wedi'i rhoi

Genoteipiau'r rhieni YyWw x yyww (1)

Gametau = YW, Yw, yW, yw x yw (1)

Epil YyWw, Yyww, yyWw, yyww (1)

Cymhareb = 1 melyn crychlyd : 1 melyn crwn : 1 gwyrdd crychlyd : 1 gwyrdd crwn (1)

b) Caiff nodweddion organeb eu pennu gan ffactorau (alelau) sy'n bodoli mewn parau (1)

Dim ond un o bâr o ffactorau (alelau) sy'n gallu bod yn bresennol mewn un gamet (1)

C3 a)

Gametau'n gywir (1)

Sgwâr Punnet â'r genoteipiau a'r ffenoteipiau i gyd yn gywir (3) −1 am bob camgymeriad

Cymhareb ffenoteip gywir (1)

b) Mae lliw'r hedyn yn cael ei etifeddu'n annibynnol ar wead yr hedyn (1)

felly 'mae'r naill aelod neu'r llall o bâr o alelau'n gallu cyfuno ar hap â'r naill neu'r llall o bâr arall'

c) Genoteip y rhieni YyRr x YyRr

Gametau YR x yr (1)

Epil i gyd yn YyRr melyn, crwn (1)

ch) Mwtaniad ar hap (1)

yn achosi newid yn y DNA / cromosom (1)

neu drwy drawsgroesi (1)

ond dim ond os nad yw'r ddau enyn yn rhy agos at ei gilydd (1)

C4 a) E.e. Cot ddu (B) albino (b) cot arw (R) cot lyfn (r) (1)

Rhieni BbRr x bbrr (1)

Gametau BR, Br, bR, br x br (1)

Cymhareb gywir mewn sgwâr Punnet (1)

Cymhareb 1 du cot arw :1 du cot lyfn : 1 albino cot arw : 1 albino cot lyfn (1)

b)

Categori	O	E	O–E	$(O-E)^2$	$\dfrac{(O-E)^2}{E}$
du cot arw	27	25	2	4	0.16
du cot lyfn	22	25	3	9	0.36
albino cot arw	28	25	3	9	0.36
albino cot lyfn	23	25	2	4	0.16
	$\Sigma = 100$				$\Sigma = 1.04$

$\chi^2 = 1.04$

Colofn O–E yn gywir (1)

Colofn $(O-E)^2$ yn gywir (1)

$\chi^2 = 1.04$ (1)

Tabl (gwerth critigol ar p = 0.05) = 7.82 (1)

Ateb

Gan fod y gwerth wedi'i gyfrifo yn llai na'r gwerth critigol ar p = 0.05 (1.04 < 7.82) (1)

gallwn ni dderbyn y rhagdybiaeth nwl; siawns oedd yn gyfrifol am unrhyw wahaniaeth oedd i'w weld (1)

C5 a) Diagram tras (1)

b) Gwryw normal, benyw sy'n gludydd (1)

pe bai'r gwryw yn haemoffilig, fyddai plentyn 7 ddim yn normal (byddai o leiaf yn gludydd oherwydd byddai'n etifeddu'r alel gan ei thad) (1)

Pe bai'r fenyw'n normal, fyddai plentyn 5 ddim yn haemoffilig (fel gwryw, mae'r cromosom X yn dod o'r fam) (1)

Caniatewch y gwrthwyneb

c) Tad X^H y (iach), Mam $X^H X^h$ (cludydd) (1)

Gametau X^H, y, X^H, X^h (1)

Epil X^Hy, X^hy (yr unig ddau gyfuniad gwrywol) (1)

Ateb 50 : 50 neu 50% (1)

C6 a) Oherwydd bod y mwtaniad cysylltiedig yn enciliol, mae DCD yn fwy cyffredin ymysg bechgyn na merched, oherwydd does gan fechgyn ddim copi arall o'r cromosom X i wneud iawn am y nam genynnol.

b) Benyw sy'n gludydd (1)

Mae plentyn gwrywol 9 yn etifeddu cromosom X yn unig gan riant 4, felly rhaid bod ganddo un copi o'r {alel diffygiol/genyn DCD} gan fod plentyn 9 yn dioddef o DCD (1)

c) Allwedd X^d = DCD, X^D = normal (1)

Genoteipiau'r rhieni = X^d Y x $X^D X^D$ (1)

Genoteipiau'r epil = X^d Y, X^d Y, $X^D X^d$, $X^D X^d$ (1)

(mae'r epil benywol i gyd yn gludyddion)

Siawns = 100% neu 1 mewn 1 (1)

4.4 Amrywiad ac esblygiad

C1 a) Mae amrywiad yn cael ei reoli gan un genyn â dau neu fwy o alelau.

b) Mae'r grwpiau'n arwahanol heb ddim nodweddion rhyngol, e.e. A, B, AB ac O (1)

NID ffactorau amgylcheddol oherwydd dydy'r graff ddim yn dangos hyn

c) Mwtaniadau genynnol (mwtaniadau pwynt) (1)

Trawsgroesiad yn ystod proffas I meiosis (1)

Rhydd-ddosraniad yn ystod metaffas I a II meiosis (1)

Paru ar hap, h.y. mae unrhyw organeb yn gallu paru ag un arall (1)

Asio gametau ar hap, h.y. ffrwythloniad unrhyw gamet gwrywol gydag unrhyw gamet benywol (1)

Ffactorau amgylcheddol sy'n arwain at addasiadau epigenynnol (1)

Mae ffactorau amgylcheddol hefyd yn gallu arwain at amrywiad anetifeddol o fewn poblogaeth, e.e. deiet (1)

UNRHYW 4

C2 a) Cystadleuaeth fewnrywogaethol yw lle mae aelodau o'r un rhywogaeth yn cystadlu am yr un adnodd mewn ecosystem (e.e. bwyd, golau, maetholion, lle) (1)

a chystadleuaeth ryngrywogaethol yw lle mae aelodau o wahanol rywogaethau yn cystadlu am yr un adnodd mewn ecosystem (1)

b) Yr amlder alel yw cyfrannau cymharol yr alelau yn y boblogaeth, (1)

a'r cyfanswm genynnol yw'r set gyflawn o alelau unigryw mewn rhywogaeth neu boblogaeth (1)

c) Grŵp o organebau â nodweddion tebyg sy'n gallu rhyngfridio i gynhyrchu epil ffrwythlon yw rhywogaeth (1)

ac esblygiad rhywogaethau newydd o rywogaethau sy'n bodoli yw ffurfiant rhywogaethau (1)

ch) Mae ffurfiant rhywogaethau alopatrig yn digwydd pan mae arunigo daearyddol yn gwahanu dwy boblogaeth (1)

ac mae ffurfiant rhywogaethau sympatrig yn digwydd pan mae poblogaethau sy'n byw gyda'i gilydd yn cael eu harunigo o ran atgenhedlu oherwydd rhywbeth heblaw rhwystr daearyddol (1)

C3 a) q^2 = 1 mewn 200 neu 0.005

q = ail isradd 0.005 = 0.071 (1)

p + q = 1,

p = 1 − 0.071 = 0.929 (1)

amlder heterosygotau = 2pq = 2 × 0.929 × 0.071 = 0.132 (1)

= 0.132 × 100 = 13.2% / neu 1 o bob 7.576 yn gludyddion (1)

b) p^2 = 0.929^2 = 0.863 (1)

0.863 × 10,000 = 8,630 (1)

c) Mae organebau'n ddiploid / mae amlderau alelau'n hafal yn y ddau ryw (1)

Maen nhw'n atgenhedlu'n rhywiol / yn paru ar hap / does dim gorgyffwrdd rhwng cenedlaethau (1)

Mae maint y boblogaeth yn fawr iawn / does dim mudo, mwtaniadau na dethol (1)

ch) Byddai sychder yn rhoi mantais ddetholus i bresenoldeb yr alel ar gyfer cwtigl trwchus /t (1)

Dim ond planhigion homosygaidd enciliol (tt) fyddai'n cynhyrchu cwtigl trwchus ac yn goroesi / byddai planhigion sy'n heterosygaidd ar gyfer trwch cwtigl (TT, Tt) yn marw (1)

Byddai clefyd yn rhoi mantais ddetholus i bresenoldeb yr alel ar gyfer syntheseiddio ffytoalecsinau / p (1)

Dim ond planhigion homosygaidd enciliol (pp) fyddai'n cynhyrchu ffytoalecsinau ac yn goroesi / byddai planhigion sy'n homosygaidd trechol neu'n heterosygaidd (PP, Pp) yn marw (1)

Byddai amlder yr alelau trechol yn lleihau (1)

Cyfeirio at yr effaith sylfaenydd: colli amrywiad genynnol mewn poblogaeth newydd sydd wedi'i sefydlu gan nifer bach iawn o unigolion o boblogaeth fwy (1)

UNRHYW 4

C4

Dydych chi ddim yn cael tic am bob pwynt – caiff eich ateb ei asesu o fewn tri phrif fand. Bydd y marc a roddir o fewn y band yn dibynnu ar ba mor llawn rydych chi'n bodloni'r datganiad.

7–9 marc

Cynnwys dangosol y lefel hon yw…

Disgrifiad manwl o'r holl fecanweithiau sy'n arwain at ddatblygu rhywogaeth newydd, gan gynnwys ffurfiant rhywogaethau alopatrig a sympatrig, ac ymlediad ymaddasol / effaith sylfaenydd.

Mae'r ymgeisydd yn llunio ateb clir, cyfannol, gan gysylltu pwyntiau perthnasol yn gywir, fel y rhai yn y cynnwys dangosol, gan resymu'n ddilyniannol. Mae'n ateb y cwestiwn yn llawn heb gynnwys dim byd amherthnasol na hepgor dim byd pwysig. Mae'r ymgeisydd yn defnyddio confensiynau a geirfa wyddonol yn briodol ac yn gywir.

4–6 marc

Cynnwys dangosol y lefel hon yw…

Disgrifiad o'r rhan fwyaf o fecanweithiau sy'n arwain at ddatblygu rhywogaeth newydd, e.e. ffurfiant rhywogaethau alopatrig a sympatrig, ac ymlediad ymaddasol / effaith sylfaenydd.

Mae'r ymgeisydd yn llunio disgrifiad gan gysylltu rhai pwyntiau perthnasol yn gywir, fel y rhai yn y cynnwys dangosol, gan ddangos rhywfaint o resymu. Mae'n ateb y cwestiwn gan hepgor ambell beth. Mae'r ymgeisydd gan fwyaf yn defnyddio confensiynau a geirfa wyddonol yn briodol ac yn gywir.

1–3 marc

Cynnwys dangosol y lefel hon yw…

Disgrifiad sylfaenol o rai mecanweithiau sy'n arwain at ddatblygu rhywogaeth newydd, e.e. ffurfiant rhywogaethau alopatrig a sympatrig, ac ymlediad ymaddasol / effaith sylfaenydd.

Mae'r ymgeisydd yn gwneud rhai pwyntiau perthnasol, fel y rhai yn y cynnwys dangosol, gan ddangos ychydig bach o resymu. Mae'n ateb y cwestiwn gan hepgor rhai pethau pwysig. Mae'r ymgeisydd ar adegau'n defnyddio confensiynau a geirfa wyddonol.

0 marc

Nid yw'r ymgeisydd yn gwneud unrhyw ymdrech i roi ateb perthnasol sy'n haeddu marc.

Byddai ateb da felly yn cynnwys:

- Ffurfiant rhywogaethau yw ffurfio rhywogaeth newydd o rywogaethau sy'n bodoli
- Rhywogaeth yw grŵp o organebau â nodweddion tebyg sy'n gallu rhyngfridio
- I gynhyrchu epil ffrwythlon
- Cyfeirio at ffurfiant rhywogaethau alopatrig
- Poblogaethau wedi'u gwahanu gan rwystr ffisegol, e.e. mynydd, afon
- Mae gan bob poblogaeth gyfansymiau genynnol gwahanol
- Mae mwtaniadau'n digwydd ar hap
- Mae mwtaniadau gwahanol yn digwydd ym mhob poblogaeth
- Mae pwysau dethol gwahanol yn bodoli ym mhob ardal
- Achosi newidiadau ym mhob cyfanswm genynnol / amlder alelau ym mhob poblogaeth
- Cyfeirio at ymlediad ymaddasol a'r effaith sylfaenydd
- Wrth i organebau addasu i wahanol amodau amgylcheddol
- Os caiff y rhwystr ei ddileu, fydd dwy boblogaeth ddim yn gallu bridio (felly maen nhw'n rhywogaethau newydd)
- Cyfeirio at arunigo sympatrig yn digwydd oherwydd arunigo sydd ddim yn ddaearyddol
- E.e. mae arunigo ymddygiadol yn digwydd mewn anifeiliaid ag ymddygiad denu cymar cymhleth lle mae unigolion o un isrywogaeth yn methu â denu'r ymateb gofynnol, e.e. crethyll
- E.e. arunigo tymhorol lle mae organebau'n cael eu harunigo oherwydd nad yw eu cylchredau atgenhedlu'n cyd-daro, fel eu bod nhw'n ffrwythlon ar wahanol adegau o'r flwyddyn. Mae hyn i'w weld gyda brogaod, lle mae gan bob un o bedwar math gwahanol ei dymor bridio ei hun, e.e. broga'r coed, y broga rhwydog, y broga dringol a'r marchlyffant
- E.e. arunigo mecanyddol o ganlyniad i organau cenhedlu anghydnaws
- E.e. arunigo gamedol oherwydd methiant gronynnau paill i egino ar stigma neu fethiant sberm i oroesi mewn dwythell wyau
- E.e. methiant paru cromosomau, cyfeirio at groesrywiau anffrwythlon

C5 a) Esblygiad yw'r broses o ffurfio rhywogaethau newydd o rai a oedd yn bodoli eisoes dros gyfnod hir. (1)

b) Ceffyl

Mae amgylchedd y ceffyl wedi newid yn sylweddol dros y 55 miliwn o flynyddoedd diwethaf o fannau coedwigol i safana (1)

oherwydd newidiadau hinsawdd / hinsawdd sychach yn arwain at golli coed (1)

Y ceffyl yn esblygu coesau hirach / carnau i redeg / anfantais i fod yn fach (1)

oherwydd colli gorchudd coed / angen dianc rhag ysglyfaethwyr (1)

UNRHYW 3

Cranc pedol

Ychydig iawn o newid i'r anatomi sydd i'w weld (1)

Dydy'r amgylchedd dyfrol ddim yn newid llawer felly dim pwysau dethol ychwanegol / dim angen esblygu (1)

C6 a) Er bod ganddyn nhw nodweddion tebyg, i gael eu hystyried yr un rhywogaeth, rhaid i'r ceffyl a'r asyn allu rhyngfridio i gynhyrchu epil ffrwythlon (1)

Mae rhif cromosom y mul yn 63 (1)

Dydy'r cromosomau ddim yn gallu paru yn ystod proffas I meiosis (1)

felly does dim gametau'n ffurfio (1)

Mae hyn yn arwain at epil anffrwythlon / anhyfywedd croesryw (1)

b) Ffurfiant rhywogaethau sympatrig (1)

Poblogaethau sy'n byw gyda'i gilydd yn cael eu harunigo o ran atgenhedlu (1)

4.5 Cymwysiadau atgenhedlu a geneteg

C1 a) Mae maint y darn yn 52 pb, felly wedi'i luniadu o dan 100 pb, tua ¾ i fyny o'r gwaelod (1)

(anghywir os yw hanner ffordd i'r gwaelod â'r bylchau sydd i'w gweld uchod)

b) +if yn y gwaelod, -if yn y top (1)

Mae gwefr negatif ar DNA oherwydd y grwpiau ffosffad felly mae'n cael ei atynnu at yr electrod +if (1)

Mae bandiau llai'n teithio'n bellach drwy'r gel (1)

c) Tad 1 (1)

Mae'r cyfuniad o olion bysedd genynnol y fam a'r tad yn cyfateb i'r plentyn (1)

Dweud mai dim ond tad 1 sy'n gallu rhoi band uchaf ôl bys y plentyn (1)

NID yn union yr un fath

ch) i) Adwaith cadwynol polymeras (1)

ii) 95 °C yn torri'r bondiau hydrogen sy'n caniatáu i 'r edafedd DNA wahanu (1)

50-60 °C yn gadael i'r primyddion gydio/anelio drwy gyfrwng paru basau cyflenwol (1)

70 °C yn gadael i'r DNA polymeras uno niwcleotidau cyflenwol / ymestyn (1)

Y tri thymheredd wedi'u cyfateb yn gywir i esboniad = 2 farc, un yn anghywir = 1 marc

UCHAFSWM 5

C2 a) 7 darn (1)

b) 1768 – 1350 (1)

= 418 pb (1)

c) 2105 – 1768

= 337 (1)

a 1768 (1)

ch) Bal I ac Sna I (1)

C3 a) Mwtaniad pwynt (1)

b) Adenin = pwrin, thymin = pyrimidin (1)

c) Mae symptomau gan bobl ag un copi o'r alel diffygiol (1)

Dydyn nhw ddim mor ddifrifol â dioddefwyr, ond maen nhw'n dangos mwy o ymwrthedd i falaria (y fantais) (1)

ch) Canfod y genyn iach (1)

Echdynnu mRNA haemoglobin iach (1)

Defnyddio transgriptas gwrthdro i gynhyrchu cDNA o dempled mRNA (1)

Ei fewnosod mewn plasmid / firws (1)

Ei chwistrellu i fêr yr esgyrn (1)

UNRHYW 4

C4 a) Mae electrofforesis gel yn gwahanu darnau o DNA yn ôl eu maint (1)

Mae darnau llai'n teithio'n bellach drwy'r gel felly mae'r darnau lleiaf yn y gwaelod / mae darnau llai'n cynrychioli niwcleotidau yn gynharach yn y dilyniant (1)

b) AGCT AGCC CCGG TAGA CC

Pob un yn gywir = 2

1 yn anghywir = 1

1 marc os yw'r dilyniant wedi'i wrthdroi

c) Mae unrhyw halogiad yn cael ei fwyhau / copïo yn gyflym (1)

Weithiau, mae DNA polymeras yn gallu ymgorffori'r niwcleotid anghywir (1)

Dim ond darnau bach mae'n gallu eu copïo (hyd at rai miloedd o fasau) ar y tro (1)

Mae effeithlonrwydd yr adwaith yn lleihau ar ôl tua 20 cylchred, wrth i grynodiadau'r adweithyddion leihau, a'r cynnyrch gynyddu (1)

UNRHYW 3

ch) Mae primyddion sydd â chyfran uwch o adenin yn ffurfio llai o fondiau hydrogen â'u bas cyflenwol / cyfeirio at 1 bond hydrogen o gymharu â 2 mewn gwanin a chytosin (1) ar {60 °C/tymereddau uwch} byddai bondiau hydrogen yn torri/yn methu ffurfio rhwng basau cyflenwol (1)

primyddion ddim yn gallu cydio/anelio (1)

d) Os oes gan glaf ragdueddiad genynnol at glefyd penodol, a ddylid rhoi'r wybodaeth hon i gwmnïau yswiriant bywyd neu iechyd, a allai effeithio ar bremiymau yswiriant / yr yswiriant sydd ar gael (1)

Os caiff perthnasoedd hynafiadol eu canfod, gellid defnyddio hyn i wahaniaethu'n gymdeithasol yn erbyn pobl (1)

Os caiff clefydau genynnol eu canfod, mae goblygiadau felly i rieni a phlant y bobl sy'n cael diagnosis / Os caiff plant eu sgrinio, pryd dylid dweud wrthyn nhw os oes ganddynt ragdueddiad, er enghraifft, at glefyd Alzheimer? (1)

Byddai modd ymestyn sgrinio embryonau o glefydau genynnol i nodweddion dymunol / arwain at fabanod dethol (*designer babies*) (1)

Efallai na chaiff data'r cleifion eu cadw'n ddiogel (1)

UNRHYW 3

C5 Dydych chi ddim yn cael tic am bob pwynt – caiff eich ateb ei asesu o fewn tri phrif fand. Bydd y marc a roddir o fewn y band yn dibynnu ar ba mor llawn rydych chi'n bodloni'r datganiad.

7–9 marc

Cynnwys dangosol y lefel hon yw...

Disgrifiad manwl o fanteision, anfanteision a pheryglon peiriannu genynnau bacteria

Mae'r ymgeisydd yn llunio ateb clir, cyfannol, gan gysylltu pwyntiau perthnasol yn gywir, fel y rhai yn y cynnwys dangosol, gan resymu'n ddilyniannol. Mae'n ateb y cwestiwn yn llawn heb gynnwys dim byd amherthnasol na hepgor dim byd pwysig. Mae'r ymgeisydd yn defnyddio confensiynau a geirfa wyddonol yn briodol ac yn gywir.

4–6 marc

Cynnwys dangosol y lefel hon yw...

Disgrifiad o brif fanteision, anfanteision a pheryglon peiriannu genynnau bacteria.

Mae'r ymgeisydd yn llunio disgrifiad gan gysylltu rhai pwyntiau perthnasol yn gywir, fel y rhai yn y cynnwys dangosol, gan ddangos rhywfaint o resymu. Mae'n ateb y cwestiwn gan hepgor ambell beth. Mae'r ymgeisydd gan fwyaf yn defnyddio confensiynau a geirfa wyddonol yn briodol ac yn gywir.

1–3 marc

Cynnwys dangosol y lefel hon yw...

Disgrifiad sylfaenol o rai o fanteision, anfanteision a/neu beryglon peiriannu genynnau bacteria.

Mae'r ymgeisydd yn gwneud rhai pwyntiau perthnasol, fel y rhai yn y cynnwys dangosol, gan ddangos ychydig bach o resymu. Mae'n ateb y cwestiwn gan hepgor rhai pethau pwysig. Mae'r ymgeisydd ar adegau'n defnyddio confensiynau a geirfa wyddonol.

0 marc

Nid yw'r ymgeisydd yn gwneud unrhyw ymdrech i roi ateb perthnasol sy'n haeddu marc.

Byddai ateb da felly yn cynnwys:

Manteision:

- Caniatáu cynhyrchu proteinau neu beptidau cymhleth nad ydyn ni'n gallu eu gwneud drwy ddulliau eraill.
- Cynhyrchu cynhyrchion meddyginiaethol, e.e. inswlin dynol neu'r ffactor tolchennu ffactor VIII. Mae'r rhain yn llawer mwy diogel na defnyddio hormonau wedi'u hechdynnu o anifeiliaid eraill neu o roddwyr. Cafodd llawer o bobl â haemoffilia yn y Deyrnas Unedig eu heintio â HIV yn ystod yr 1980au oherwydd echdynion ffactor VIII.
- Gallwn ni eu defnyddio nhw i wella twf cnydau – cnydau GM.
- Rydyn ni wedi defnyddio bacteria GM i drin pydredd dannedd oherwydd eu bod nhw'n cystadlu'n well na'r bacteria sy'n cynhyrchu asid lactig sy'n arwain at bydredd dannedd.

Anfanteision:

- Mae'n dechnegol gymhleth ac felly mae'n ddrud iawn ar raddfa ddiwydiannol.
- Mae anawsterau'n gysylltiedig ag adnabod y genynnau gwerthfawr mewn genom enfawr.
- I syntheseiddio'r protein gofynnol, gall fod angen llawer o enynnau, a phob un yn codio ar gyfer polypeptid.
- Mae trin DNA dynol ag ensym cyfyngu'n cynhyrchu miliynau o ddarnau sydd ddim yn ddefnyddiol.
- Fydd pob genyn ewcaryot ddim yn ei fynegi ei hun mewn celloedd procaryot.

Peryglon:

- Mae bacteria'n cyfnewid deunydd genynnol yn rhwydd, e.e. wrth ddefnyddio genynnau ymwrthedd i wrthfiotigau mewn *E. coli* gallai'r genynnau hyn gael eu trosglwyddo ar ddamwain i *E. coli* sydd yn y coludd dynol, neu i facteria pathogenaidd eraill.
- Y posibilrwydd o drosglwyddo oncogenynnau drwy ddefnyddio darnau o DNA dynol, sy'n cynyddu'r risg o ganser.

C6 a) Os yw ampisilin wedi'i daenu ar y plât, dim ond bacteria sy'n cynnwys y plasmid sy'n gallu tyfu (1)

Mae hyn yn cadarnhau ymlifiad y plasmid / yn ein galluogi ni i ddethol cytrefi sy'n cynnwys y plasmid (1)

Fydd yr ail enyn marcio (Lac Z) ddim yn gweithio os oes DNA wedi'i fewnosod yn llwyddiannus ynddo (1)

ac rydyn ni'n ei ddefnyddio i gadarnhau bod y genyn targed wedi'i fewnosod / mae'n ein galluogi ni i ddethol cytrefi sy'n cynnwys y plasmid â'r DNA wedi'i fewnosod (1)

UNRHYW 3

b) Torri'r plasmid ag ensym cyfyngu i agor y plasmid (1)

Torri'r DNA neu enyn estron â'r un ensym cyfyngu i sicrhau pennau gludiog cyflenwol (1)

mewnosod DNA gan ddefnyddio ensym DNA ligas (1)

sy'n uno esgyrn cefn siwgr-ffosffad y ddau ddarn o DNA â'i gilydd (1)

Opsiwn A: Imiwnoleg a chlefydau

C1 a) Clefyd heintus yn lledaenu'n gyflym i nifer mawr o bobl o fewn cyfnod byr yw epidemig (1)

a chlefyd sy'n digwydd yn aml, ar gyfradd rydyn ni'n gallu ei rhagfynegi, mewn lleoliad neu boblogaeth benodol yw endemig

b) Moleciwl yw antigen sy'n achosi i'r system imiwnedd gynhyrchu gwrthgyrff yn ei erbyn (1)

ac mae gwrthgorff yn imiwnoglobwlin sy'n cael ei gynhyrchu gan system imiwnedd y corff fel ymateb i antigen (1)

c) Mae bacterioleiddiol yn golygu lladd bacteria, (1)

ac mae bacteriostatig yn golygu atal twf bacteria yn y corff drwy e.e. atal synthesis proteinau (1)

Enghreifftiau: tetraseiclin (bacteriostatig) a phenisilin (bacterioleiddiol) y ddau am 1 marc

ch) Mae imiwnedd goddefol yn digwydd pan mae'r corff yn cael gwrthgyrff, naill ai'n naturiol (e.e. o laeth y fam neu drwy'r brych) neu'n artiffisial o bigiad pan mae angen amddiffyniad yn gyflym (1)

ac mae imiwnedd actif yn digwydd pan mae'r corff yn cynhyrchu ei wrthgyrff ei hun fel ymateb i bresenoldeb antigenau naill ai ar ôl haint neu ar ôl brechiad (1)

Mae imiwnedd goddefol yn darparu amddiffyniad ar unwaith, ond dydy'r amddiffyniad ddim yn para'n hir oherwydd dydy'r corff ddim wedi cynhyrchu celloedd cof (1)

Mae imiwnedd actif yn amddiffyn rhag ail haint os yw'r antigenau ar y ficro-organeb sy'n dod i mewn i'r corff yr un fath (1)

C2 a) Atal synthesis mRNA (1)

dydy mRNA ddim yn cael ei drosi ar y ribosom (1)

does dim proteinau'n ffurfio/mae'n atal synthesis proteinau (1)

b) Mae'r ddau'n atal synthesis proteinau (1)

Mae tetraseiclin yn facteriostatig ond mae riffampicin yn facterioleiddiol (1)

Mae tetraseiclin yn rhwymo'n gildroadwy wrth isuned 30S ribosom y bacteriwm gan atal tRNA rhag cydio, ac mae riffampicin yn atal {trawsgrifiad/cynhyrchu mRNA} (1)

c) Mae defnyddio llawer o wrthfiotigau'n gwneud y driniaeth yn fyrrach (1)

sy'n lleihau'r risg o allu gwrthsefyll gwrthfiotigau (1)

C3 a) Ymateb cynradd (1)

Cynnydd cychwynnol yn lefelau'r gwrthgyrff ar ôl cyfnod diddigwydd byr (1)

b)

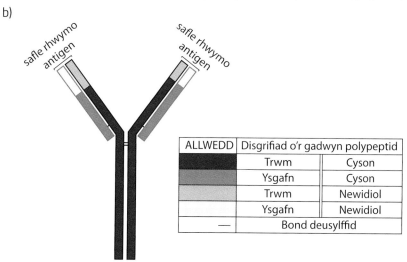

ALLWEDD	Disgrifiad o'r gadwyn polypeptid	
	Trwm	Cyson
	Ysgafn	Cyson
	Trwm	Newidiol
	Ysgafn	Newidiol
—	Bond deusylffid	

Moleciwl siâp Y (1)

Safle rhwymo antigen wedi'i labelu (1)

Cadwynau trwm/ysgafn wedi'u nodi'n gywir (1)

c) Celloedd cyflwyno antigenau (gan gynnwys macroffagau) yn cyflawni ffagocytosis ac yn ymgorffori'r antigen estron i mewn i'w cellbilenni (1)

Mae celloedd T cynorthwyol yn canfod yr antigenau hyn ac yn secretu cytocinau, sy'n ysgogi celloedd B a macroffagau (1)

Mae celloedd B yn cael eu hactifadu ac yn cyflawni ehangiad clonaidd i gynhyrchu celloedd plasma a chelloedd cof (1)

Mae'r celloedd plasma yn secretu gwrthgyrff (1)

Mae'r celloedd cof yn aros yn y gwaed i amddiffyn rhag i'r haint ymddangos eto (1)

UNRHYW 4

ch) Mae IgM yn cael ei gynhyrchu {yn gyflym iawn ar ôl haint/ar ôl i symptomau ymddangos} i frwydro yn erbyn yr haint (1)

Ar ôl 10 diwrnod mae lefelau IgM yn gostwng yn gyflym iawn i sero ar ôl 35 diwrnod felly nid yw'n ymwneud â darparu imiwnedd sy'n para'n hirach (1)

Does dim IgG yn cael ei gynhyrchu yn y 7 diwrnod cyntaf, ond mae lefelau llawer uwch ohono'n cael ei gynhyrchu / cyfeirio at 2× lefelau'r gwrthgyrff (1)

Mae'r lefelau'n gostwng ychydig bach ar ôl 28 diwrnod ond yn gwastadu ar ôl 42 diwrnod ac yn aros ar lefelau uchel, sy'n awgrymu bod IgG yn amddiffyn am gyfnod hirach rhag i'r haint ymddangos eto (1)

Dim ond mewn gwaed a lymff mae gwrthgyrff IgM i'w cael, ac mae IgG i'w gael yn holl hylifau'r corff sy'n awgrymu amddiffyniad mwy eang (1)

Opsiwn B: Anatomi cyhyrsgerbydol dynol

 a) Meinwe gyswllt

b) (Cartilag melyn elastig)

Mae condrocytau wedi'u hamgylchynu â ffibrau elastig dwys a cholagen (1)

sy'n ei wneud yn elastig, ond mae'n gallu cadw ei siâp mewn adeileddau fel y glust allanol/pinna (1)

(cartilag gwyn ffibrog)

Mae colagen wedi'i drefnu mewn ffibrau dwys sy'n cynyddu'r cryfder tynnol (1)

sy'n ei wneud yn addas i'w ddefnyddio mewn disgiau rhyngfertebrol (1)

c) Absenoldeb nerfau a phibellau gwaed (1)

yn golygu bod cartilag sydd wedi'i niweidio'n cymryd amser hir i wella oherwydd bod rhaid i faetholion dryledu i mewn i'r matrics (1)

C2 a)

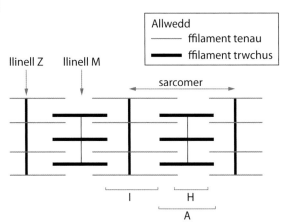

b) Band I a rhan H yn mynd yn fyrrach (1)

Mae'r band A yn aros yr un hyd (1)

Caniatewch gamgymeriad canlyniadol os yw wedi'i nodi'n anghywir yn rhan a)

c) Mae ATP ar ben pellaf y pen myosin yn cael ei hydrolysu i ffurfio ADP a Pi, sy'n cael eu rhyddhau gan ganiatáu i'r ffilament actin lithro (1)

Mae ATP yn glynu wrth y pen myosin sy'n torri'r trawsbont ac yn datgysylltu myosin o'r ffilament actin (1)

Mae mwy o ATP yn cael ei hydrolysu i ffurfio ADP a Pi, ac mae trawsbont yn ffurfio â'r ffilament tenau yn bellach ymlaen (1)

ch) Mae blocwyr sianeli calsiwm yn atal ïonau calsiwm rhag symud tuag i mewn (1)

felly dydyn nhw ddim yn gallu rhwymo wrth y troponin gan newid ei siâp (1)

mae hyn yn atal y tropomyosin rhag newid safle, gan ddatgelu'r safleoedd cydio â myosin ar yr actin (1)

Mae'r cyhyr anrhesog yn waliau rhydwelïau'n llaesu gan achosi iddyn nhw ymagor (1)

C3 a) Adeiledd anhyblyg a symudol sy'n colynnu o gwmpas safle sefydlog, sef y ffwlcrwm (1)

b) $F_2 = \dfrac{F_1 \times d_1}{d_2}$

$F_2 = \dfrac{196 \times 0.38}{0.05}$ (1)

= 1,490 N (derbyniwch 1,489.6 N) (1)

−1 os dim unedau

c) $F_1 = \dfrac{F_2 \times d_2}{d^1}$

$= \dfrac{2500 \times 0.05}{0.38}$ (1)

= 329 N (derbyniwch 328.9 N) / 9.8 = 33.6 kg (derbyniwch 33.57) (1)

−1 os dim unedau, caniatewch gamgymeriad canlyniadol

C4 a) Mae gan ffibrau twitsio araf fwy o fitocondria na ffibrau twitsio cyflym (1)

Mae ffibrau twitsio araf wedi addasu ar gyfer resbiradaeth aerobig ac mae ffibrau twitsio cyflym wedi addasu ar gyfer resbiradaeth anaerobig (1)

Mae ffibrau twitsio araf yn dda iawn am wrthsefyll lludded ond dydy ffibrau twitsio cyflym ddim cystal am wrthsefyll lludded (1)

Mae ffibrau twitsio araf wedi addasu ar gyfer cyfangiadau estynedig a pharhaus ac mae ffibrau twitsio cyflym yn cynhyrchu pyliau byr o gryfder/cyflymder (1)

UNRHYW 2 – angen cymhariaeth

b) Dwysedd rhwydwaith capilarïau yn cynyddu (1) felly mae mwy o waed yn caniatáu mwy o ocsigen, felly mwy o resbiradaeth aerobig (1)

NEU

Cynyddu nifer/maint y mitocondria (1) felly mwy o resbiradaeth aerobig (1)

NEU

Mwy o fyoglobin (1) mae myoglobin yn storfa ocsigen felly mwy o resbiradaeth aerobig (1)

c) Mae'r corff yn dibynnu i ddechrau ar storau creatin ffosffad (1)

Mae creatin ffosffad yn rhyddhau ei ffosffad wrth i lefelau ocsigen ostwng, fel bod modd ffosfforyleiddio ADP i ganiatáu pyliau sydyn o weithio (1)

Opsiwn C: Niwrofioleg ac ymddygiad

C1 a) i) A = Cortecs gweledol / llabed yr ocsipwt wedi'i thywyllu a'i labelu (1)

ii) B = Llabed barwydol wedi'i thywyllu a'i labelu (1)

iii) C = Llabed flaen wedi'i thywyllu a'i labelu (1)

b) i) Mae'r system nerfol sympathetig yn gyffredinol yn cael effeithiau cyffroadol ar y corff, e.e. cynyddu cyfradd curiad y galon a chyfradd awyru (1) ac mae'r system nerfol barasympathetig yn gyffredinol yn cael effaith ataliol ar y corff, e.e. lleihau cyfradd curiad y galon a chyfradd awyru (1)

Mae'r rhan fwyaf o'r synapsau yn y system nerfol sympathetig yn rhyddhau noradrenalin fel y niwrodrawsyrrydd (1) ; yn y system nerfol barasympathetig, asetylcolin yw'r niwrodrawsyrrydd (1)

Angen cymharu

ii) Mae'r cerebrwm yn cynnwys dau hemisffer sy'n gyfrifol am integreiddio gweithrediadau synhwyraidd a chychwyn gweithrediadau echddygol gwirfoddol / cyfeirio at ffynhonnell gweithrediadau deallusol mewn bodau dynol (1)

a'r cerebelwm yw'r rhan o'r ôl-ymennydd sy'n cyd-drefnu manwl gywirdeb ac amseriad gweithgarwch y cyhyrau, gan gyfrannu at gydbwysedd ac osgo, ac at ddysgu sgiliau echddygol (1)

Angen cymharu

c) i) Digwyddiad straen wedi achosi i lefel cortisol y gwaed gynyddu bedair gwaith / cyfeirio at gynyddu o 4 i 16 ng/ml (1)

Mae cortisol yn cael ei ryddhau o'r chwarennau adrenal; yr hipocampws sy'n rheoli hyn (1)

mae hyn yn gwneud i lefel glwcos yn y gwaed fynd dair gwaith yn uwch / cyfeirio at gynnydd o 110 i 305 mg/dl ar ôl awr (1)

Ar ôl awr mae lefelau cortisol yn dechrau gostwng / cyfeirio at 8 ng/ml (1)

sy'n digwydd oherwydd bod y cortisol yn rhwymo wrth dderbynyddion glwcocorticoid ar yr hipocampws gan atal rhyddhau mwy (1)

ii) Dim ond un llygoden fawr gafodd ei defnyddio, sy'n lleihau dibynadwyedd y canlyniadau (1)

Cyfeirio at wneud mesuriadau'n amlach e.e. bob 15 munud (1)

Ailadrodd â mwy o lygod mawr / defnyddio grŵp rheolydd (1)

C2 Dydych chi ddim yn cael tic am bob pwynt – caiff eich ateb ei asesu o fewn tri phrif fand. Bydd y marc a roddir o fewn y band yn dibynnu ar ba mor llawn rydych chi'n bodloni'r datganiad.

7–9 marc

Cynnwys dangosol y lefel hon yw…

Disgrifiad manwl o'r gwahanol fathau o ymddygiad a sut maen nhw'n bwysig i organebau i'w hamddiffyn eu hunain, dod o hyd i fwyd, atgenhedlu a datblygu sgiliau.

Mae'r ymgeisydd yn llunio ateb clir, cyfannol, gan gysylltu pwyntiau perthnasol yn gywir, fel y rhai yn y cynnwys dangosol, gan resymu'n ddilyniannol. Mae'n ateb y cwestiwn yn llawn heb gynnwys dim byd amherthnasol na hepgor dim byd pwysig. Mae'r ymgeisydd yn defnyddio confensiynau a geirfa wyddonol yn briodol ac yn gywir.

4–6 marc

Cynnwys dangosol y lefel hon yw…

Disgrifiad o'r gwahanol fathau o ymddygiad a sut maen nhw'n bwysig i organebau yn y rhan fwyaf o'r meysydd sydd wedi'u nodi, e.e. i'w hamddiffyn eu hunain, dod o hyd i fwyd, atgenhedlu a datblygu sgiliau.

Mae'r ymgeisydd yn llunio disgrifiad gan gysylltu rhai pwyntiau perthnasol yn gywir, fel y rhai yn y cynnwys dangosol, gan ddangos rhywfaint o resymu. Mae'n ateb y cwestiwn gan hepgor ambell beth. Mae'r ymgeisydd gan fwyaf yn defnyddio confensiynau a geirfa wyddonol yn briodol ac yn gywir.

1–3 marc

Cynnwys dangosol y lefel hon yw…

Disgrifiad sylfaenol o'r gwahanol fathau o ymddygiad a sut maen nhw'n bwysig i organebau mewn rhai o'r meysydd sydd wedi'u nodi, e.e. i'w hamddiffyn eu hunain, dod o hyd i fwyd, atgenhedlu a datblygu sgiliau.

Mae'r ymgeisydd yn gwneud rhai pwyntiau perthnasol, fel y rhai yn y cynnwys dangosol, gan ddangos ychydig bach o resymu. Mae'n ateb y cwestiwn gan hepgor rhai pethau pwysig. Mae'r ymgeisydd ar adegau'n defnyddio confensiynau a geirfa wyddonol.

0 marc

Nid yw'r ymgeisydd yn gwneud unrhyw ymdrech i roi ateb perthnasol sy'n haeddu marc.

Byddai ateb da felly yn cynnwys:

Mae ymddygiad yn gallu bod yn gynhenid, sef greddfol, neu wedi'i ddysgu.

1. Mae ymddygiad cynhenid yn fwy arwyddocaol mewn anifeiliaid â systemau niwral llai cymhleth, oherwydd mae'n anoddach iddynt addasu eu hymddygiad o ganlyniad i ddysgu. Mae'n cynnwys:

- Mae atgyrch yn gyflym ac yn awtomatig ac yn amddiffyn rhan o organeb rhag niwed.
- Mae cinesis yn fwy cymhleth nag atgyrch – mae'r organeb gyfan yn symud; does gan ginesis ddim cyfeiriad, gan arwain at symudiad cyflymach neu newid cyfeiriad.
- Mae tacsis yn golygu bod yr organeb gyfan yn symud fel ymateb i ysgogiad, naill ai i gyfeiriad yr ysgogiad neu oddi wrtho. Gwelir enghraifft o hyn gyda phryfed lludw, sy'n dangos ffototacsis negatif drwy symud oddi wrth olau.

2. Mae **ymddygiad wedi'i ddysgu'n** adeiladu ar wybodaeth sy'n bodoli ac yn ei haddasu hi, gan arwain at newid cymharol barhaol i ymddygiad neu sgiliau.

- Mae cynefino yn cynnwys dysgu anwybyddu ysgogiadau oherwydd nad oes gwobr na chosb i'w cael amdanynt.

- Mae imprintio'n digwydd yn ifanc iawn yn ystod cyfnod critigol o ddatblygiad yr ymennydd mewn adar a rhai mamolion. Sylwodd Konrad Lorenz fod adar ifanc, a rhai mamolion ifanc, yn ymateb i'r gwrthrych mawr symudol cyntaf maen nhw'n ei weld, ei arogli, ei gyffwrdd neu ei glywed. Maen nhw'n ymlynu wrth y gwrthrych hwn ac mae'r ymlyniad yn cael ei atgyfnerthu gan wobrau, e.e. bwyd.

- Mae ymddygiadau cysylltiadol yn cynnwys cyflyru clasurol a gweithredol, lle mae anifeiliaid yn cysylltu un math o ysgogiad ag ymateb neu weithred benodol:

  - Mae cyflyru clasurol yn ymwneud â chysylltu ysgogiad naturiol ac ysgogiad artiffisial i gynhyrchu'r un ymateb. Cynhaliodd Ivan Pavlov arbrofion â chŵn lle roedd yn defnyddio 'ysgogiad niwtral' o gloch yn canu; roedd y cŵn yn dysgu ei gysylltu â bwyd. Byddai'r cŵn yn glafoerio fel ymateb i'r gloch, hyd yn oed heb y bwyd.

  - Cyflyru gweithredol yw ffurfio cysylltiad rhwng ymddygiad penodol a gwobr neu gosb. Cynhaliodd B. F. Skinner arbrofion â llygod lle roedden nhw'n dysgu pwyso lifer i gael bwyd (gwobr) neu i stopio sŵn uchel (cosb).

  - Dydy dysgu cudd (archwiliadol) ddim yn cael ei wneud i fodloni angen nac i gael gwobr. Mae llawer o anifeiliaid yn archwilio amgylchoedd newydd ac yn dysgu gwybodaeth a allai, yn nes ymlaen, olygu'r gwahaniaeth rhwng byw a marw.

  - Dydy dysgu mewnweledol ddim yn digwydd o ganlyniad i ddysgu 'mentro-a-methu' ar unwaith, ond mae'n gallu bod yn seiliedig ar wybodaeth a gafodd ei dysgu mewn gweithgarwch ymddygiadol eraill cyn hynny. Cynhaliodd Kohler arbrofion â tsimpansïaid yn y 1920au lle'r oedd yn rhoi bwyd iddyn nhw, ond y tu hwnt i'w cyrraedd. Rhoddwyd ffyn a blychau i'r tsimpansïaid, ac yn y diwedd roedden nhw'n dysgu sut i'w defnyddio nhw i gyrraedd y bwyd.

Atebion papur enghreifftiol Uned 3: Egni, Homeostasis a'r Amgylchedd

C1 a)

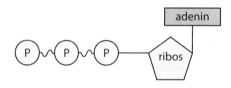

b) Ychwanegu grŵp neu ïon ffosffad at foleciwl (1)

sy'n gwneud y moleciwl glwcos yn fwy adweithiol ac yn haws ei hollti (1)

drwy ostwng yr egni actifadu (1)

c)

Nodwedd	Mitocondria	Cloroplastau
Mecanwaith	Defnyddio egni wedi'i gludo gan electronau i bwmpio protonau ar draws y bilen; maen nhw yna'n llifo'n ôl drwy ronynnau coesog	Defnyddio egni electronau i bwmpio protonau ar draws y bilen; maen nhw yna'n llifo'n ôl drwy ronynnau coesog
Yr ensym sy'n cymryd rhan	ATP synthetas	ATP synthetas
Graddiant protonau	O'r gofod rhyngbilennol i'r matrics	O'r gofod thylacoid i'r stroma
Safle'r gadwyn trosglwyddo electronau	Cristâu	Pilen thylacoid
Y cydensym dan sylw	FAD, NAD	NADP
Derbynnydd electronau terfynol	Ocsigen a H^+	NADP a H^+ (ffotoffosfforyleiddiad anghylchol) a chloroffyl-a (ffotoffosfforyleiddiad cylchol)

C2

a) Golau-ddibynnol – grana neu bilenni thylacoid wedi'u labelu'n glir (1)

Golau-annibynnol – stroma wedi'i labelu'n glir (1)

b) Arwynebedd arwyneb mawr (1)

Mae'n gallu symud o fewn celloedd palis (1)

c) Mae anghylchol yn cynnwys ffotosystemau I a II, ac mae cylchol yn cynnwys ffotosystem I yn unig (1)

Mae anghylchol yn cynhyrchu 2 ATP a NADP; cylchol yn cynhyrchu 1 ATP a dim NADP (1)

Mae anghylchol yn cynnwys ffotolysis i ryddhau ocsigen, ond dydy cylchol ddim (1)

Mae'r electronau'n dilyn llwybr llinol yn yr un anghylchol, ond llwybr cylchol yn yr un cylchol (1)

UNRHYW 3

C3

a) Pob un o'r tri wedi'i labelu'n gywir am 2 farc

Dau wedi'u labelu'n gywir 1 marc

b) Mae'r rhydwelïyn afferol yn lletach na'r rhydwelïyn echddygol, sy'n creu pwysedd gwaed uwch nag sy'n normal (1)

Mae epitheliwm capilari'n cynnwys mandyllau / ffenestri sy'n gwrthsefyll symudiad yr hidlif (1)

Pilen waelodol yn gweithredu fel gogr (1)

Mae mur cwpan Bowman wedi'i wneud o {gelloedd epithelaidd arbenigol iawn / podocytau} ac mae'r hidlif yn llifo drwy'r rhain / cyfeirio at bedicelau (1)

UNRHYW 3, ond mae angen sôn am yr adeiledd a'r swyddogaeth

c) i) Mae ïonau sodiwm yn cael eu hadamsugno yn y tiwbyn troellog procsimol (1)

drwy gyfrwng cludiant actif/cyfeirio at gydgludiant gyda glwcos neu asidau amino (1)

Mae ïonau sodiwm yn cael eu pwmpio allan o aelod esgynnol dolen Henle / cyfeirio at luosydd gwrthgerrynt i mewn i'r medwla (1)

ii) Mae dŵr yn cael ei amsugno o'r tiwbyn troellog procsimol (1)

mewn cyfrannau tebyg i ïonau sodiwm neu eiriau i'r un perwyl (1)

iii) Daw'r tiwbyn troellog distal/dwythellau casglu yn fwy athraidd i ddŵr (1)

ac o ganlyniad caiff mwy o ddŵr ei amsugno drwy gyfrwng osmosis (1)

Cyfeirio at acwaporinau (1)

sy'n gostwng crynodiad ïonau sodiwm yn y gwaed (1)

UCHAFSWM 3

C4

a) Sefydlu {cynhyrchiant troeth sylfaenol / wrth orffwys} / gadael i'r llygoden fawr ymaddasu (1)

b) Teitl (1)

Echelin gywir â'r unedau wedi'u labelu; amser ar yr echelin lorweddol (1)

Plotiau cywir (2) –1 am bob plot anghywir

Tarddbwynt sero ar y ddwy echelin neu raddfeydd llinol (1)

c) Lleihad o ran cynhyrchu troeth i'w weld 10 munud ar ôl y pigiad (1)

Cynnydd o ran cynhyrchu troeth i'w weld ar ôl 35 munud/25 munud ar ôl y pigiad ADH (1)

Mae ADH yn cael effaith dros dro (1)

Dydy cyfradd cynhyrchu troeth ddim wedi mynd yn ôl i'r lefel wreiddiol erbyn 45 mun / 40 mun wedyn cyfeirio at leihad % neu'r gyfradd yn lleihau 3.6 mm^3 mun^{-1} (1)

Mae hyn oherwydd amsugno mwy o ddŵr yn y tiwbyn troellog distal a'r dwythellau casglu / cyfeirio at acwaporinau (1)

ch) Ailadrodd ag o leiaf 5 (neu fwy) o wahanol lygod mawr o oed/brid tebyg (1)

Estyn yr arbrawf nes mae'n cyrraedd y waelodlin/4.5 mm^3 mun^{-1} (1)

Cofnodi cynhyrchiant troeth yn amlach, e.e. bob munud (1)

UNRHYW 3

C5 a) Yn ystod y 4 awr gyntaf, dim newid yng nghrynodiad y glwcos na nifer y celloedd bacteria (1)

Rhwng 4 ac 16 awr mae nifer y celloedd bacteria yn cynyddu wrth i grynodiad glwcos ostwng (1)

Rhwng 14 ac 16 awr mae nifer y celloedd bacteria yn cynyddu'n arafach ond mae crynodiad glwcos yn parhau i ostwng ar yr un gyfradd (1)

Ar ôl 16 awr mae crynodiad glwcos yn parhau i ostwng ond mae nifer y celloedd yn aros yn gyson (1)

UNRHYW 3

b) Mae twf yn cael ei atal oherwydd bod defnyddiau gwastraff gwenwynig yn cronni (1)

Mae'n cyrraedd cyfnod digyfnewid lle mae twf = marwolaeth (1)

ond mae resbiradaeth yn parhau gan fod glwcos yn dal i gael ei ddefnyddio (1)

c) $\dfrac{5.2 - 2.1}{0.6}$ (1)
(1)

Caniatewch gamgymeriad canlyniadol / darlleniad cywir o'r graff

= 5 cenhedlaeth, derbyniwch 5.2 (1)

ch) Gostyngiad yn nifer y celloedd bacteria oherwydd crynodiad glwcos isel (1)

Cynhyrchion gwastraff gwenwynig yn cronni (1)

Cyfnod marw / mwy o farwolaeth na thwf (1)

C6 a) Cadwyn trosglwyddo electronau – {Pilen fewnol/cristâu} y mitocondrion (1)

Krebs – matrics y mitocondrion (1)

b) Mae electronau'n colli egni ac o ganlyniad mae protonau/H^+ yn cael eu pwmpio o'r matrics i'r gofod rhyngbilennol (1)

Mae protonau/H^+ yn cronni / cyfeirio at raddiant protonau (1)

H^+ yn llifo'n ôl i mewn i'r matrics drwy ATPas/gronyn coesog (1)

Ffosfforyleiddio {ADP / ADP + Pi } i ffurfio ATP (1)

Cyfeirio at gemiosmosis (1)

UNRHYW 4

Ac

Mae NADH yn cyfrannu protonau yn y pwmp protonau cyntaf felly mae mwy o brotonau'n cael eu pwmpio ar draws, ac mae FADH yn cyfrannu protonau yn Co Q <u>ar ôl</u> y pwmp cyntaf felly mae llai o brotonau'n cael eu pwmpio ar draws neu eiriau i'r un perwyl (1)

Arwain at 3 ATP i bob NADH, a dim ond 2 i bob FADH (1)

UCHAFSWM 6

c) Pan mae sycsinad yn cael ei ocsidio i ffurfio ffwmarad, mae'n cynhyrchu 1 FADH sydd yna'n cynhyrchu 2 foleciwl ATP yn y gadwyn trosglwyddo electronau (1)

Pan mae malâd yn cael ei ocsidio i ffurfio ocsaloasetad, mae'n cynhyrchu 1 NADH sydd yna'n cynhyrchu 3 moleciwl ATP yn y gadwyn trosglwyddo electronau (1)

Yr unig adeg mae ATP yn cael ei gynhyrchu yng nghylchred Krebs yw pan mae α ceto glwtarad yn cael ei ocsidio i ffurfio sycsinad (1)

ch) Mae atal yr ensym yn arwain at gynhyrchu llai o ffwmarad ac felly llai o falâd (1)

felly mae crynodiad yr ocsaloasetad yn lleihau (1)

Mae'r ataliad yn stopio, ac mae sycsinad yn gallu cael ei drawsnewid yn ffwmarad eto (1)

Cyfeirio at ataliad y cynnyrch terfynol / adborth negatif (1)

Cynhyrchu llai o {NADH / FADH} (1)

Mantais – atal ocsaloasetad rhag cronni, sy'n gallu bod yn tocsig (1)

C7

Dydych chi ddim yn cael tic am bob pwynt – caiff eich ateb ei asesu o fewn tri phrif fand. Bydd y marc a roddir o fewn y band yn dibynnu ar ba mor llawn rydych chi'n bodloni'r datganiad.

7–9 marc

Cynnwys dangosol y lefel hon yw…

Esboniad manwl o'r holl fesurau sydd wedi cael eu defnyddio yn y Deyrnas Unedig i leihau allyriadau, a sut mae hyn wedi effeithio ar ffiniau'r blaned.

Mae'r ymgeisydd yn llunio ateb clir, cyfannol, gan gysylltu pwyntiau perthnasol yn gywir, fel y rhai yn y cynnwys dangosol, gan resymu'n ddilyniannol. Mae'n ateb y cwestiwn yn llawn heb gynnwys dim byd amherthnasol na hepgor dim byd pwysig. Mae'r ymgeisydd yn defnyddio confensiynau a geirfa wyddonol yn briodol ac yn gywir.

4–6 marc

Cynnwys dangosol y lefel hon yw…

Esboniad o'r rhan fwyaf o fesurau sydd wedi cael eu defnyddio yn y Deyrnas Unedig i leihau allyriadau, a sut mae hyn wedi effeithio ar ffiniau'r blaned.

Mae'r ymgeisydd yn llunio disgrifiad gan gysylltu rhai pwyntiau perthnasol yn gywir, fel y rhai yn y cynnwys dangosol, gan ddangos rhywfaint o resymu. Mae'n ateb y cwestiwn gan hepgor ambell beth. Mae'r ymgeisydd gan fwyaf yn defnyddio confensiynau a geirfa wyddonol yn briodol ac yn gywir.

1–3 marc

Cynnwys dangosol y lefel hon yw…

Esboniad sylfaenol o rai mesurau sydd wedi cael eu defnyddio yn y Deyrnas Unedig i leihau allyriadau, a sut mae hyn wedi effeithio ar ffiniau'r blaned.

Mae'r ymgeisydd yn gwneud rhai pwyntiau perthnasol, fel y rhai yn y cynnwys dangosol, gan ddangos ychydig bach o resymu. Mae'n ateb y cwestiwn gan hepgor rhai pethau pwysig. Mae'r ymgeisydd ar adegau'n defnyddio confensiynau a geirfa wyddonol.

0 marc

Nid yw'r ymgeisydd yn gwneud unrhyw ymdrech i roi ateb perthnasol sy'n haeddu marc.

Byddai ateb da felly yn cynnwys:

Mesurau:

- Ffermio mwy dwys i gynhyrchu mwy o fwyd yn fwy effeithlon, defnyddio plaleiddiaid i leihau colledion cnydau i glefydau
- Mwy o ailgylchu – symud at economi mwy cylchol, lleihau'r egni sydd ei angen i gynhyrchu nwyddau newydd, e.e. mae ailgylchu alwminiwm yn fwy effeithlon nag electroleiddio mwyn alwminiwm
- Echdynnu mwy o egni o wastraff, fel bod llai o angen llosgi tanwyddau ffosil
- Defnyddio mwy o fiodanwyddau – mae'r rhain yn amsugno carbon deuocsid cyn cael eu llosgi, e.e. bionwy, biodiesel, bioethanol
- Cyfeirio at ffermydd gwynt / morgloddiau llanw / tanwyddau gwyrdd / ceir trydanol, ac ati
- Rheoli coetiroedd yn fwy cynaliadwy, e.e. prysgoedio, torri detholus

Effeithio ar ffiniau'r blaned:

- Mae'r ffiniau newid yn yr hinsawdd, cyfanrwydd y biosffer, defnyddio tir a llifoedd bioddaeargemegol i gyd yn dal i fod wedi'u croesi sy'n golygu na allwn ni ragweld digwyddiadau yn y dyfodol
- Bydd y ffin newid yn yr hinsawdd wedi gostwng oherwydd llai o allyriadau
- Mae tyfu biodanwyddau'n cael effaith niweidiol ar y ffin defnyddio tir, ond mae cynlluniau coedwigo/mynd yn ôl at arferion ffermio mwy cynaliadwy yn cael effaith gadarnhaol arni
- Mae arferion ffermio mwy dwys a thyfu mwy o fiodanwyddau'n cael effaith niweidiol ar y ffin llifoedd bioddaeargemegol.
- Mae dulliau ffermio ungnwd yn lleihau bioamrywiaeth sy'n effeithio ar ffin cyfanrwydd y biosffer

C8 a) Sôn am ddefnyddio dolen inocwleiddio sydd wedi'i diheintio cyn inocwleiddio (1)

Defnyddio'r ddolen i daenu bacteria ar draws arwyneb yr agar mewn rhesi (1)

Cyfeirio at ddiheintio / fflamio'r ddolen eto rhwng pob set o daeniadau (1)

Cyfeirio at oeri'r ddolen cyn ei defnyddio (1)

{Cadw'r caead yn agos at y plât / gweithio'n agos at losgydd Bunsen neu fflam} wrth daenu i atal bacteria/sborau o'r aer rhag mynd i mewn (1)

Cyfeirio at lawer o linellau i bob set o daeniadau / rhaid i'r taeniadau orgyffwrdd rhwng setiau / dim gorgyffwrdd rhwng y set gyntaf a'r olaf o daeniadau (1)

UNRHYW 4

b) i) Dydy gwrthfiotigau I a II ddim yn effeithiol yn erbyn bacteria Gram-positif oherwydd does dim ardal ataliad i'w gweld (1)

Dydy gwrthfiotig IV ddim yn effeithiol yn erbyn bacteria Gram-negatif oherwydd does dim ardal ataliad i'w gweld (1)

Mae gwrthfiotig III yn effeithiol yn erbyn y ddau fath o facteria, ond mae gwrthfiotig III yn fwy effeithiol yn erbyn Gram-negatif oherwydd mae'r ardal ataliad yn fwy (derbyniwch y gwrthwyneb) (1)

ii) Gwrthfiotig IV (1)

Dim ond yn erbyn bacteria Gram-positif mae penisilin yn effeithiol (1)

Ddim yn gallu bod yn wrthfiotig III gan fod hwn hefyd yn effeithiol yn erbyn bacteria Gram-negatif (1)

Mae penisilin yn atal trawsgysylltau rhag ffurfio yn y cellfur peptidoglycan (1)

Atebion papur enghreifftiol Uned 4: Amrywiad, Etifeddiad ac Opsiynau

C1 a) i) A = Fesigl semenol (1)

Secretu mwcws i gynorthwyo symudedd sberm

ii) B = Chwarren brostad (nid prostrad) (1)

Cynhyrchu secretiad alcalïaidd i niwtralu asidedd troeth (1)

iii) C = Vas deferens (1)

Cludo sbermatosoa o gaill i'r wrethra/chwarren brostad (1)

b) Cyfeirio at gynyddu tymheredd caill gydag enghraifft o reswm, e.e. gwisgo dillad isaf tynnach, baddonau poeth / pelydriad electromagnetig o gyfarpar cyfrifiadurol / straen / alcohol / defnyddio cyffuriau neu ysmygu (1)

Gostyngiad mewn {ffrwythlondeb / cyfraddau genedigaethau} /maint y boblogaeth yn lleihau / mwy yn defnyddio IVF (1)

c) i) Cell X = sbermatidau

ii) {Sbermatocytau eilaidd/ Cell X}, sbermatidau, sbermatosoa (angen y cyfan i gael 1 marc)

iii) Mae'r rhaniad rhwng sbermatogonia a sbermatocytau cynradd yn cynnwys mitosis, ac mae'r rhaniad rhwng sbermatocytau cynradd ac eilaidd yn cynnwys meiosis I (1)

Mae'r rhaniad rhwng sbermatogonia a sbermatocytau cynradd yn cynnal y rhif cromosom, ac mae'r rhaniad rhwng sbermatocytau cynradd ac eilaidd yn haneru'r rhif cromosom (1)

Mae'r rhaniad rhwng sbermatogonia a sbermatocytau cynradd yn cynhyrchu celloedd diploid, ac mae'r rhaniad rhwng sbermatocytau cynradd ac eilaidd yn cynhyrchu celloedd haploid (1)

iv) Rhaid cysylltu'r adeiledd â'r swyddogaeth, h.y. mae'r cnewyllyn yn cynnwys nifer haploid o gromosomau sy'n adfer cell ddiploid ar adeg ffrwythloniad (1)

Mae'r mitocondria yn y darn canol yn cynhyrchu ATP ar gyfer ymsymud / cynffon ar gyfer ymsymud (1)

Mae'r acrosom yn cynnwys proteasau i dreulio celloedd y corona radiata / zona pellucida (1)

C2

a) Asid amino wedi'i labelu'n gywir gan ddangos

grŵp NH_2 wedi'i labelu fel grŵp amino (1)

wedi'i gysylltu ag atom carbon canolog â grŵp R (1)

wedi'i gysylltu â grŵp COOH wedi'i labelu fel grŵp carbocsyl (1)

b) i) Newid i ddilyniant basau DNA / un neu fwy o fasau DNA mewn genyn yn newid (1)

drwy {adio/amnewid/dileu} (1)

sy'n newid trefn yr asidau amino yn y protein (1)

ac yn arwain at newid i adeiledd trydyddol y protein (1)

ii) Gallai'r newid ddigwydd mewn rhan sydd ddim yn codio/intron (1)

Gallai'r newid fod yn dawel / efallai na fydd yn newid trefn yr asidau amino / cyfeirio at lawer o godonau i bob asid amino (1)

Efallai na fydd y newid asid amino yn newid adeiledd y protein/sut mae'r protein yn gweithio (1)

c) i) {Rhaid bod y genyn PKU ar yr awtosomau / ddim yn rhyw-gysylltiedig} gan ei fod yn effeithio ar wrywod a benywod (1)

Mae'n rhaid ei fod yn enciliol, e.e. does gan rieni 1 a 2 ddim PKU ond mae gan blentyn 5, felly mae'n rhaid bod y ddau'n gludyddion (1)

Rhaid i'r ateb gynnwys enghraifft benodol o'r diagram tras ateb i gael y marc

ii) Y siawns o blentyn gwrywol yw 50%/50:50 (1)

Y siawns bod gan blentyn PKU yw 25%/1:4 (1)

gan ei fod yn gyflwr enciliol (1) derbyniwch gamgymeriad canlyniadol os yw rhan i) yn anghywir

UNRHYW 2

Felly, y siawns o blentyn gwrywol â PKU yw 12.5% neu 1:8 (1)

UCHAFSWM 3

ch) Dylunio primyddion ar gyfer darn o DNA mwtan (1)

Ychwanegu at DNA polymeras, byffer a deocsiriboniwcleotidau (1)

Ei gynnal ar dri thymheredd gwahanol (derbyniwch unrhyw rai yn yr amrediad) 50–60 °C, a 70 °C a 95 °C (1)

Ailadrodd am 30–40 cylchred (1)

C3

a) Mae'r ddau'n rhannu'r un genws *Chaetodon* (1)

ond maen nhw'n rhywogaethau gwahanol, felly allan nhw ddim rhyngfridio i gynhyrchu epil ffrwythlon (1)

dangos morffoleg/nodweddion tebyg (1)

gallent ddangos ymddygiad paru gwahanol (1)

b) Adnabod olion bysedd genynnol / dadansoddi microloeren (1)

Croesrywedd DNA gan ddefnyddio chwiliedyddion DNA, a delweddu gan ddefnyddio electofforesis gel (1)

c) Cyfeirio at {ffurfiant rhywogaethau alopatrig / arunigo daearyddol} wrth ffurfio'r culdir, gan wahanu dwy boblogaeth (1)

roedd hyn yn atal rhyngfridio (1)

Cyfeirio at wahanol amodau amgylcheddol yn y cefnforoedd Tawel ac Iwerydd (1)

a oedd yn arwain at wahanol bwysau dethol (1)

Cyfeirio at arwain at newidiadau i forffoleg/bridio (1)

a dau gyfanswm genynnol gwahanol oedd ddim yn gallu cymysgu (1)

UNRHYW 5

C4 a) Defnyddio llythrennau priodol â phriflythyren ar gyfer y nodwedd drechol, a genoteipiau'r rhieni'n gywir e.e. BbNn yn erbyn bbnn (lle B yw corff brown, b yw corff du, N yw adain normal, n yw byr. (1)

Gametau'n gywir (1)

Genoteipiau F1 yn gywir (1)

Y gymhareb ffenoteipiau ddisgwyliedig yw 1 pryf â chorff brown ac adenydd hir i 1 pryf â chorff brown ac adenydd byr i 1 pryf â chorff du ac adenydd hir i 1 pryf â chorff du ac adenydd byr (1 marc am y ffenoteipiau, 1 am y gymhareb)

b)

Categori	Arsylwyd (O)	Disgwyliedig (E)	O – E	(O–E)^2	(O–E)^2 /E
Corff brown, adenydd hir	26	**15**	**11**	**121**	8.07
Corff brown, adenydd byr	6	15	–9	81	5.40
Corff du, adenydd hir	5	15	–10	100	6.67
Corff du, adenydd byr	23	15	8	64	4.27
Σ	60	60			24.41

χ^2 = 24.21 (1)

c) Y rhagdybiaeth nwl yw 'does dim gwahaniaeth arwyddocaol rhwng y gwerthoedd a arsylwyd a'r gwerthoedd disgwyliedig'. (1)

Gan fod y gwerth wedi'i gyfrifo, sef 24.41, yn <u>fwy</u> na'r gwerth critigol ar p = 0.05, sef 7.82, gallwn ni wrthod y rhagdybiaeth nwl, felly nid siawns oedd yn gyfrifol am unrhyw wahaniaethau rhwng y canlyniad a arsylwyd a'r canlyniad disgwyliedig (1)

Mae cysylltedd rhwng genynnau lliw'r corff a hyd yr adenydd, sy'n golygu eu bod nhw wedi'u lleoli'n agos iawn at ei gilydd ar yr un cromosom (1)

O ganlyniad i hyn, mae'r alelau hyn yn llawer llai tebygol o arwahanu'n annibynnol i ffurfio gametau (1)

C5 a)

Crynodiad y PBZ / mg dm^{-3}	Nifer yr eginblanhigion berwr sydd wedi egino	Canran sydd wedi egino / %	Uchder yr eginblanhigion / cm	Uchder cymedrig yr eginblanhigion / cm
0	10	**83.3**	8.1, 7.9, 8.0, 7.5, 8.4, 7.5, 8.2, 6.1, 5.9, 8.9	**7.7** (derbyniwch 7.6)
10	10	**83.3**	5.6, 5.5, 6.4, 6.0, 8.0, 5.3, 5.2, 5.7, 4.9, 5.0	**5.8** (derbyniwch 5.7)
50	5	**41.7**	3.3, 6.9, 3.4, 2.9, 3.1, 0.0, 0.0, 0.0, 0.0, 0.0	**2.0** (derbyniwch 1.9)
90	0	**0.0**	0.0, 0.0, 0.0, 0.0, 0.0, 0.0, 0.0, 0.0, 0.0, 0.0	**0.0**
		(1)		(1)

1 marc yr un am bob colofn gywir

b) Newidyn annibynnol = Crynodiad y PBZ / mg dm^{-3}

Newidyn dibynnol = Nifer yr eginblanhigion berwr sydd wedi egino <u>ac</u> uchder yr eginblanhigion berwr / cm

c) Dydych chi ddim yn cael tic am bob pwynt – caiff eich ateb ei asesu o fewn tri phrif fand. Bydd y marc a roddir o fewn y band yn dibynnu ar ba mor llawn rydych chi'n bodloni'r datganiad.

7–9 marc

Cynnwys dangosol y lefel hon yw...

Casgliadau manwl o'r arbrawf, gan roi sylwadau llawn am fanwl gywirdeb y canlyniadau, ac awgrymu gwelliannau.

Mae'r ymgeisydd yn llunio ateb clir, cyfannol, gan gysylltu pwyntiau perthnasol yn gywir, fel y rhai yn y cynnwys dangosol, gan resymu'n ddilyniannol. Mae'n ateb y cwestiwn yn llawn heb gynnwys dim byd amherthnasol na hepgor dim byd pwysig. Mae'r ymgeisydd yn defnyddio confensiynau a geirfa wyddonol yn briodol ac yn gywir.

4–6 marc

Cynnwys dangosol y lefel hon yw...

Ffurfio'r rhan fwyaf o gasgliadau o'r arbrawf, gan roi sylwadau am fanwl gywirdeb y canlyniadau, ac awgrymu rhai gwelliannau.

Mae'r ymgeisydd yn llunio disgrifiad gan gysylltu rhai pwyntiau perthnasol yn gywir, fel y rhai yn y cynnwys dangosol, gan ddangos rhywfaint o resymu. Mae'n ateb y cwestiwn gan hepgor ambell beth. Mae'r ymgeisydd gan fwyaf yn defnyddio confensiynau a geirfa wyddonol yn briodol ac yn gywir.

1–3 marc

Cynnwys dangosol y lefel hon yw...

Casgliadau sylfaenol o'r arbrawf, gan roi sylwadau rhannol am fanwl gywirdeb y canlyniadau, ac awgrymu un gwelliant.

Mae'r ymgeisydd yn gwneud rhai pwyntiau perthnasol, fel y rhai yn y cynnwys dangosol, gan ddangos ychydig bach o resymu. Mae'n ateb y cwestiwn gan hepgor rhai pethau pwysig. Mae'r ymgeisydd ar adegau'n defnyddio confensiynau a geirfa wyddonol.

0 marc

Nid yw'r ymgeisydd yn gwneud unrhyw ymdrech i roi ateb perthnasol sy'n haeddu marc.

Byddai ateb da felly yn cynnwys:

- Mae PBZ yn atal eginblanhigion berwr rhag egino ar grynodiadau <u>uwch na</u> 10 mg dm^{-3}
- Mae PBZ yn lleihau uchder eginblanhigion ar grynodiad o 10 mg dm^{-3} cyfeirio at faint, e.e. cyfartaledd o 1.9 cm / 25%
- Mae 50 mg dm^{-3} o PBZ yn lleihau eginiad 50%
- Mae 50 mg dm^{-3} o PBZ yn lleihau uchder yr eginblanhigion 4.2 cm /5 5% ar gyfartaledd
- Mae PBZ yn atal synthesis aldehyd GA12, rhagsylweddyn sydd ei angen i wneud asid giberelig (1)
- Heb giberelin, dydy'r genynnau sy'n ymwneud â thrawsgrifio a throsi amylasau a phroteasau ddim yn cael eu hactifadu, felly dydy storfeydd bwyd ddim yn cael eu cyrchu

Dibynadwyedd:

Cyfeirio at ganlyniad anomalaidd sydd y tu allan i'r cymedr, e.e. ar 50 mg dm^{-3} 6.9 cm, neu ar 10 mg dm^{-3} 8.0 cm

Mae'r canlyniadau hyn yn effeithio ar y canlyniad cymedrig sy'n awgrymu efallai na fydd y canlyniad yn ddibynadwy

Gwelliannau:

Sicrhau bod yr hadau yr un oed

Mesur cyfaint y PBZ sy'n cael ei roi

Nid dim ond ailadrodd â mwy o hadau heb roi enghraifft benodol

C6 Opsiwn A

a) Hylifol (1)

b) Pedwar (1)

Dau ysgafn a dau drwm / neu sôn am alffa a beta (1)

c) 15 – 5 = 10

10/5 × 100 (1)

= 200% (1)

–1 dim unedau

ch) Amlyncu {celloedd/firws/bacteria} estron mewn fesigl/ffagosom (1)

Secretu lysosymau i dreulio'r cynnwys (1)

d) i)   Colli celloedd T cynorthwyol / macroffagau (1)

Celloedd T cynorthwyol yn ysgogi ffagocytosis a chynhyrchu gwrthgyrff ac yn actifadu celloedd T lladd (1)

Dydy ffagocytau ddim yn amlyncu {firws/bacteria/haint wedi'i enwi} (1)

Does dim gwrthgyrff yn cael eu cynhyrchu (1)

Dydy celloedd T lladd ddim yn rhwymo wrth gelloedd estron felly dydyn nhw ddim yn cael eu dinistrio neu eiriau i'r un perwyl   (1)

UCHAFSWM 4

ii)   Mae'r ymatebion cynradd ac eilaidd yn cynhyrchu crynodiadau isel o wrthgyrff yn y gwaed (1)

Dydy'r ymateb eilaidd ddim yn cynhyrchu gwahaniaeth mawr i'r cyntaf / cyfeirio at y ffaith bod crynodiad gwrthgyrff yn y gwaed yn debyg (1)

oherwydd nad yw celloedd T cynorthwyol yn ysgogi'r broses o gynhyrchu gwrthgyrff (1)

Cyfeirio at y ffaith nad yw brechu'n rhoi amddiffyniad, ond y gallai achosi sgil effeithiau (1)

dd) i)   Atal adio niwcleotidau yn ystod trawsgrifiad gwrthdro genom y firws (1)

DNA y firws ddim yn cael ei gynhyrchu (1)

DNA y firws ddim yn cael ei ymgorffori yn DNA y gell (1)

ii)   Does gan HIV ddim cellfur sy'n cynnwys peptidoglycan (1)

Mae penisilin yn atal trawsgysylltau peptidoglycan / cellfur peptidoglycan rhag ffurfio (1)

C7 Opsiwn B

a) Cyswllt (1)

b) Hyalin (1)

c) Colfach (1)

ch) Cartilag gwyn elastig / cartilag gwyn ffibrog (1)

Mae colagen wedi'i drefnu mewn ffibrau dwys (1)

sy'n cynyddu'r cryfder tynnol er mwyn cynnal/amddiffyn madruddyn y cefn (1)

d) $F_2 = \dfrac{(70 \times 9.8) \times 40}{3}$ (1)

= 27,440 / 3 = 9,147 N (1)

−1 dim unedau

dd) i)   Resbiradu'n anaerobig am gyfnodau byr felly does dim angen ocsigeniad da (1)

Mae creatin ffosffad yn rhyddhau ei ffosffad wrth i lefelau ocsigen ostwng, fel bod modd ffosfforyleiddio ADP (1)

i ganiatáu pyliau sydyn o weithio'n anaerobig (1)

Mae lefelau uchel o fyosin ATPas yn golygu bod mwy o drawsbontydd yn gallu ffurfio rhwng actin a myosin {i bob uned amser/yn yr un amser} (1)

ii)   Resbiradu'n aerobig am gyfnodau hir felly ddim yn dibynnu ar resbiradaeth anaerobig (1)

felly, does dim angen storfeydd creatin ffosffad i ryddhau ffosffad (1)

Cyhyrau'n cyfangu'n arafach â llai o rym felly does dim angen cymaint o ffibrau (1)

e)

Math o ymarfer corff	Effaith yr ymarfer corff	Mantais
Ymarfer dygnwch	Cynyddu nifer a maint y mitocondria	Mwy o resbiradaeth aerobig yn bosibl
Ymarfer dygnwch	Rhwydwaith capilariau'n cynyddu	Cyflenwi mwy o waed i gyhyrau yn golygu mwy o ocsigen ac felly mwy o resbiradaeth aerobig
Ymarfer codi pwysau	Cynyddu nifer y myoffibrolion a maint y cyhyrau	Cynyddu cryfder
Ymarfer dygnwch	Cynyddu swm y myoglobin	Mae myoglobin yn storfa ocsigen felly mwy o resbiradaeth aerobig
Ymarfer codi pwysau	Gwella goddefiad asid lactig	Mwy o resbiradaeth anaerobig yn bosibl

Rhaid cysylltu effaith yr hyfforddiant/dygnwch â'r manteision (1 marc am bob un cywir)

C8 Opsiwn C

a) Hypothalamws wedi'i labelu'n gywir (1)

b) Homeostasis (1)

Cyfeirio at osmoreolaeth / rhyddhau ADH drwy'r chwarren bitwidol (1)

Cyfeirio at gynnal tymheredd y corff (1)

Rheoli'r chwarren bitwidol (1)

Rheoli ymddygiadau fel cysgu (1)

Cyfeirio at reoli syched (1)

Rheoli'r system nerfol awtonomig (1)

UNRHYW 3

c) Tywyllu'r rhan gywir e.e.

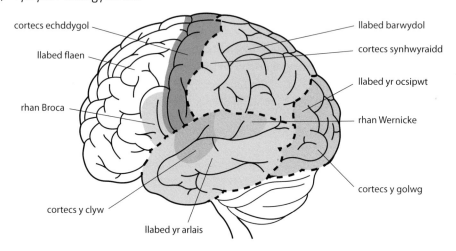

ch) Nerfogi (cyflenwi nerfau i) y cyhyrau (1)

e.e. y cyhyrau rhyngasennol a'r cyhyrau yn y geg, a'r laryncs sydd ei angen i gynhyrchu sain (1)

d) i) Lleihau nifer y synapsau i bob niwron / cyfeirio at leihau o 15,000 i bob niwron i 1000 –10,000 (1)

Mae hyn yn creu cysylltiadau cynhenid sy'n gallu trosglwyddo signalau'n gyflymach ac yn gywirach (1)

ii) Mae atal derbynyddion GABA yn sbarduno {tocio synaptig / gostyngiad yn nifer y synapsau i bob niwron} (1)

felly gallai fod yn driniaeth i sgitsoffrenia sy'n cael ei achosi gan ddwysedd asgwrn cefn annormal (1)

Rhybudd – roedd yr arbrofion ar lygod, nid bodau dynol, felly gallai'r effaith fod yn wahanol (1)

dd) i) Ei adael am 5 munud – i roi amser i'r pryfed lludw i ymaddasu i'r amgylchedd newydd (1)

Cylchdroi – i leihau effaith unrhyw olau damweiniol (1)

ii) Ffototacsis negatif (1)

Mae'r symudiad yn gysylltiedig â chyfeiriad yr ysgogiad / symud oddi wrth y golau (1)

iii) Cyfeiliornad mewn arbrawf (1)

Y pryfed lludw yn chwilio am fwyd (1)

Effaith {golau damweiniol / cylchdroi'r siambr} (1)

UNRHYW 2

iv) {Rheoli/ monitro} arddwysedd golau gydag enghraifft, e.e. monitro â mesurydd golau / labordy tywyll a disgleirio golau un ffynhonnell golau ar y ddysgl (1)

{Rheoli/monitro} tymheredd gydag enghraifft e.e. defnyddio tarian wres ar gyfer y ffynhonnell golau / monitro â thermomedr (1)

Defnyddio pryfed lludw o'r un oed/maint (1)

UNRHYW 2